高等学校信息工程类系列教材

电子工艺实训

主编 李 杨 李文联

西安电子科技大学出版社

内 容 简 介

本书是根据当前高等学校电子工艺实训的需要编写而成的。全书共七个部分，内容包括安全用电知识、电子元器件的识别与测量、电子测量仪器仪表的使用、印制电路板的设计与制作、焊接技术、电子产品的安装与调试技术、电子产品的安装与调试实训。

本书可作为高等学校电子信息工程、通信工程、电子科学与技术、自动化、机械电子工程等理工科相关专业的本科和高职高专学生电子工艺实训课程的教材或参考用书，也可供中职、中专的教师和从事电子技术工作的工程技术人员参考。

图书在版编目（CIP）数据

电子工艺实训/李杨，李文联主编. —西安：西安电子科技大学出版社，2016.4（2025.1重印）

ISBN 978-7-5606-4031-0

Ⅰ. ① 电… Ⅱ. ① 李… ② 李… Ⅲ. ①电子技术—高等学校—教材 Ⅳ. ①TN

中国版本图书馆CIP 数据核字（2016）第 020302 号

策　　划　杨丕勇
责任编辑　杨丕勇
出版发行　西安电子科技大学出版社（西安市太白南路 2 号）
电　　话　（029）88202421　88201467　　邮　　编　710071
网　　址　www.xduph.com　　　　　电子邮箱　xdupfxb001@163.com
经　　销　新华书店
印刷单位　广东虎彩云印刷有限公司
版　　次　2016 年 4 月第 1 版　　2025年 1 月第 8 次印刷
开　　本　787 毫米×1092 毫米　1/16　印　张　8.5
字　　数　212 千字
定　　价　24.00 元
ISBN 978-7-5606-4031-0
XDUP　4323001-8
***** 如有印装问题可调换 *****

前　言

　　本书是根据当前高等学校电子工艺实训的教学需要编写而成的。全书共七个部分，内容包括安全用电知识、电子元器件的识别与测量、电子测量仪器仪表的使用、印制电路板的设计与制作、焊接技术、电子产品的安装与调试技术、电子产品的安装与调试实训。

　　本书在内容上具有很强的通用性和选择性，可作为高等学校电子信息工程、通信工程、电气工程及其自动化、自动化、计算机、机械电子工程等理工科相关专业的本、专科和高职高专学生电子工艺实训课程的教材或参考用书，也可供中职、中专的教师和从事电子技术工作的工程技术人员参考。

　　本书主编为湖北文理学院的李杨、李文联。参加编写的还有胡晗、王培元、李凯（襄阳职业技术学院）、沈鸿星（襄阳职业技术学院）、燕宏（襄阳技师学院）、廖红华（湖北民族学院）、牛涛（武汉船舶职业技术学院）、王正强、裴晓敏、吴学军、孙艳玲、吴何为等。

　　本书参考了许多同仁的编写经验和资料，在此向本书参考文献中所列的所有作者表示感谢！限于编者的水平，本书一定还存在着疏漏之处，恳请广大读者、专家和学者来电来函指正，以便再出版时得以修正和完善。

编　者
2015 年 12 月

目　录

绪　论

一、电子工艺实训的目的和意义

电子工艺实训是一门实践性很强的课程，是提高学生动手能力的有效途径，是学生进行规范化电子技能训练的重要环节。通过该环节的训练，着重培养学生分析问题和解决问题的能力，特别是动手能力。本课程通过使用电工电子工具，使学生认识仪器仪表，了解电子元器件，并在趣味电子电路的安装制作与调试过程中掌握生产一线最基本的操作技能。

二、电子工艺实训的要求

电子工艺实训是电类专业重要的实践性教学环节，是实现应用型电类专业人才培养的重要手段之一。学生在实训过程中，通过系统的操作训练和生产劳动及政治思想教育，应达到如下要求：

(1) 通过安全教育和电子工艺基本技能的训练，掌握常用电气设备的运行、维修与安装的操作技能和工艺知识，掌握触电急救的方法，为进入专业课程学习建立感性认识。

(2) 掌握电子线路安装调试的基本操作技能，能够正确地使用和调整一般设备和仪器，根据原理图、互连图及装配图等技术资料进行电子产品的安装和调试。

(3) 通过实训和思想教育，逐步树立正确的劳动观念，提高动手能力，使德、智、体、美、劳全面发展。

为了保证教学实训能正常进行，以达到预期的要求，学生在实训时必须遵守如下规则：

(1) 在指定的岗位上实训，服从指导老师的指导。

(2) 认真听取指导教师的讲解，仔细观察示范操作。

(3) 严肃认真、细心操作，严格按图纸及工艺要求完成实训作业。

(4) 注意节约器材，爱护设备和工具并妥善保管。

(5) 遵守安全操作规程，保持工作岗位的整洁。

三、电子工艺实训的基本内容

(1) 熟悉电子产品的安装与焊接工艺。

(2) 了解印制电路板的设计和制作过程。

(3) 熟悉常用电子元器件的类别、型号、规格、性能、使用范围及基本的测试方法。

(4) 学会使用电子仪器、仪表进行电子线路的检测、故障分析和排除。

(5) 掌握简单电子产品的整机组装及调试方法。

(6) 了解用计算机绘制电子线路和印制电路板的排版过程。

第一部分 安全用电知识

安全用电知识是关于如何预防用电事故及保障人身、设备安全的知识。在电子设备的安装调试中，要使用各种工具、电子仪器等设备，同时还要接触危险的高电压，如果不掌握必要的安全用电知识，缺乏足够的警惕，就可能发生人身、设备事故。为此，必须在熟悉触电对人体的危害和触电原因的基础上，了解一些安全用电知识，做到防患于未然。

一、触电对人体的危害

触电是从事电类工作时，时刻要警惕的危险事件，触电时电流的能量直接作用于人体或转换成其他形式的能量作用于人体，对人体会造成伤害。触电对人体的危害主要有电伤和电击两种。

1. 电伤和电击

1) 电伤

电伤是由于发生触电而导致人体外表的创伤，通常有以下三种。

(1) 灼伤：由于电的热效应而灼伤人体皮肤、皮下组织、肌肉甚至神经。灼伤会引起皮肤发红、起泡、烧焦、坏死。

(2) 电烙伤：由电流的机械和化学效应造成人体触电部位的外部伤痕，通常是皮肤表面的肿块。

(3) 皮肤金属化：是由于带电体金属通过触电点蒸发进入人体造成的，局部皮肤呈现相应金属的特殊颜色。

2) 电击

电击是指电流流过人体，严重影响人体呼吸、心脏和神经系统，造成肌肉痉挛(抽筋)、神经紊乱，导致呼吸停止、心脏室性纤颤，严重危害生命的触电事故。电伤对人体造成的危害一般是非致命的，真正危害人体生命的是电击。

2. 影响触电危险程度的因素

1) 电流的大小

人体内存在生物电流，一定限度的电流不会对人造成损伤。一些电疗仪器就是利用电流刺激达到治疗目的的。但若流过人体的电流大到一定程度，就有可能危及生命。

2) 电流的种类

电流种类不同，对人体的损伤也有所不同。直流电一般引起电伤，而交流电则电伤与电击同时发生，特别是 40～100 Hz 的交流电对人体最危险，而人们日常使用的工频市电(50 Hz)就在这个危险频段内。当交流电频率达到 20 kHz 时对人体危害很小用于理疗的一些仪器采用的就是这个频段。危险频段内不同大小的交流电对人体的作用如表 1.1 所示。

表 1.1 交流电对人体的作用

电流/mA	对人体的作用
<0.7	无感觉
0.7~1	有轻微感觉
1~3	有刺激感，一般电疗仪取此电流
3~10	感到痛苦，但可自行摆脱
10~30	引起肌肉痉挛，短时间无危险，长时间有危险
30~50	强烈痉挛，时间超过 60 s 即有生命危险
50~250	产生心脏室性纤颤，丧失知觉，严重危害生命
>250	短时间内(1 s 以上)造成心脏骤停，体内造成电灼伤

3) 电流的作用时间

电流对人体的伤害与作用时间密切相关。可以用电流与时间的乘积(又称电击强度)来表示电流对人体的危害。触电保护器的一个主要指标就是额定断开时间与电流的乘积小于 30 mA·s。实际产品可以达到小于 3 mA·s，故可有效防止触电事故。

4) 电流的途径

如果电流不经过人体的脑、心、肺等重要部位，则除了电击强度较大时可造成内部烧伤外，一般不会危及生命。但如果电流流经上述部位，就会造成严重后果，这是由于电击会使神经系统麻痹而造成心脏停跳、呼吸停止。例如，电流从一只手流到另一只手，或由手流到脚，就是这种情况。

5) 人体的电阻

人体的阻值不确定，皮肤干燥时可呈现 100 kΩ 以上的电阻，而一旦潮湿，电阻可降到 1 kΩ 以下。我们平常所说的安全电压 36 V，就是对人体皮肤干燥时而言的，倘若用湿手接触 36 V 电压，同样会受到电击。

人体也存在非线性电阻，随着电压的升高，电阻值会减小。

二、触电原因

人体触电的主要原因是直接或间接接触带电体以及跨步电压。直接触电又可分为单相触电和双相触电两种。

1. 直接触电

1) 单相触电

一般工作和生活场所的供电为 380/220 V 中性点接地系统。当处于地电位的人体接触带电设备或线路中的某一相导体时，一相电流通过人体经大地回到中性点，人体承受相电压，这种触电形式称为单相触电。单相触电示意图如图 1.1 所示。

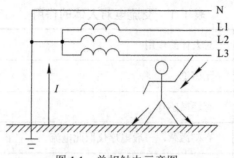

图 1.1　单相触电示意图

由于电源插座安装错误以及电源导线绝缘损伤而导致金属外露时,极易引起单相触电。图 1.2 所示是有人在实验室用调压器取得低电压做实验而发生触电的示例。分析电原理图可以看出,触电原因是错误地将端点 2 接到了电源相线 L 上,而端点 1 接到零线 N 上,从而导致 3、4 端电压只有十几伏,但 4 端对地的电压却有 220 V 的高电压。一旦碰到与 4 端相连的元器件或印制导线,自然免不了触电。

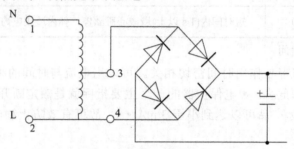

图 1.2　错误使用自耦合调压器

2) 双相触电

人体同时接触电网的两根相线,电流从一相导体通过人体流入另一相导体从而发生触电,这种触电形式称为双相触电,如图 1.3 所示。这种触电人体承受的电压高(380 V),而且一般保护措施不起作用,因而危险极大。

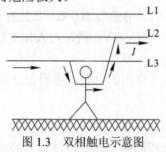

图 1.3　双相触电示意图

2. 间接触电

间接触电是指电气设备已断开电源,但由于设备中高压大容量电容的存在而导致在接触设备某些部分时发生的触电,这类触电有一定危险,容易被忽视,要特别注意。

3. 跨步电压引起的触电

在故障设备附近,例如电线断落在地上,在接地点周围存在电场,当人走进这一区域时,将因跨步电压而使人触电,如图 1.4 所示。

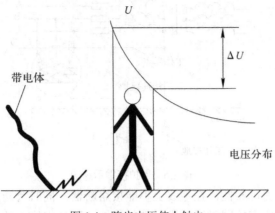

图 1.4 跨步电压使人触电

三、用电安全技术简介

实践证明，采用用电安全技术可以有效预防电气事故。因此，我们需要了解并正确运用这些技术，不断提高安全用电的水平。

1. 保护接地

在没有中性点接地的三相三线制电力系统中，把电气设备的金属外壳与大地连接起来，称为保护接地，如图 1.5 所示。在设备外壳不接地的情况下，当一相碰壳时人触及设备外壳，接地电流 I_d 通过人体和电网对地绝缘电阻形成回路，对人就构成了单相触电，如图 1.5(a)所示。

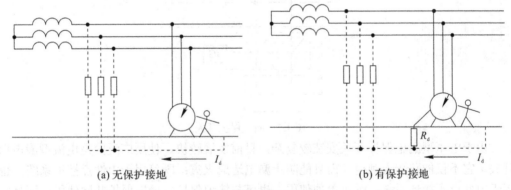

(a) 无保护接地　　　　　　　　　　(b) 有保护接地

图 1.5 保护接地原理图

当采用保护接地时，如图 1.5(b)所示，漏电设备对地电压主要取决于保护接地电阻 R_d 的大小，由于 $R_d < R_r$（R_r 为人体电阻），因此大部分电流经过接地装置入地，流经人体的电流很小，对人比较安全。

2. 保护接零

在中性点接地的系统中，为防止触电事故的发生，可将电气设备的外壳接至该网络中的零线上，叫做保护接零，如图 1.6 所示。当设备某一相带电部分与金属外壳相碰(或漏电)时，通过设备的外壳形成该相对零线的单相短路，短路电流 I_d 能促使线路上保护装置(如熔断器 FU)迅速动作，从而使故障部分断开电源，消除触电危险。

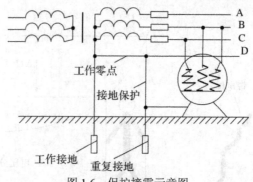

图 1.6　保护接零示意图

为保证保护接零的可靠性，在零线上不能接熔断器。同时为防止零线断线而使保护接零失去作用，在保护接零的同时还要进行重复接地，即将零线上的一处或多处通过接地装置与大地再次连接起来，如图 1.6 所示。

3. 漏电保护开关

漏电保护开关也叫触电保护开关，是一种切断型保护安全技术，它比接地保护或接零保护更灵敏、更有效。

漏电保护开关有电压型和电流型两种，其工作原理有共同性，即都可以把它看做是一种灵敏继电器。如图 1.7 所示，检测器 JG 控制开关 S 的通断。对电压型漏电保护开关而言，JG 检测用电器对地电压；对电流型漏电保护开关而言，则检测漏电流。超过安全值，检测器即控制开关动作切断电源。

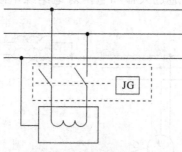

图 1.7　漏电保护开关

由于电压型漏电保护开关安装较复杂，目前发展较快、使用广泛的是电流型漏电保护开关。它不仅能防止人触电，而且能防止漏电造成火灾；既可用于中性点接地系统，也能用于中性点不接地系统；既可单独使用，也可与接地保护、接零保护共同使用，而且安装方便，值得大力推广。

按国家标准规定，电流型漏电保护开关的电流与时间的乘积小于等于 30 mA·s。实际产品的额定动作电流一般为 30 mA，动作时间为 0.1 s。如果是在潮湿等恶劣环境下，可选取动作电流更小的规格。

4. 其他

上述接地、接零保护以及漏电保护开关主要解决电器外壳漏电及意外触电问题，另有一类故障表现为电器并不漏电，但由于电器内部元器件的部件故障，或由于电网电压升高引起电器电流增大，温度升高，超过一定限度，结果导致电器损坏甚至引起电器火灾等严重事故。为了解决这种故障，目前一种自动保护元件和装置正在迅速被推广使用，它们一般具有过压保护、温度保护、过流保护等功能。另外，随着信息技术的飞速发展，传感器技术、计算机技术及自动化技术的日益完善，综合性智能保护装置也不断在发展。

四、安全知识

1. 人身安全

尽管在电子工艺劳动中，电子装接工作通常称为"弱电"工作，但实际工作中免不了接触"强电"。一般常用电动工具(例如电烙铁、电钻、电热风机等)、仪器设备和制作装置大部分需要接市电才能工作，因此用电安全是电子装接工作的首要条件。

1) 安全用电观念

用电时，侥幸心理是万万不可有的，必须牢固树立安全用电的观念，并使之贯穿于工作的全过程。任何制度、任何措施，都是由人来贯彻执行的，忽视安全是最危险的隐患。

2) 安全措施

预防触电的措施很多，这里提出的几条措施都是最基本的安全保障。

(1) 对正常情况下带电的部分，一定要加绝缘防护，并且置于人不容易碰到的地方，例如输电线、配电盘，电源板等。

(2) 所有金属外壳的用电器及配电装置都应该装设接地保护或接零保护。对目前大多数工作、生活用电系统而言是接零保护。

(3) 在所有使用市电场所装设漏电保护器。

(4) 随时检查所有电器插头、电线，发现破损老化及时更换。

(5) 手持电动工具尽量使用安全电压工作。我国规定常用电压为36 V 或24 V，特别危险场所用12 V。应使用符合安全要求的低压电器(包括电线、电源插座、开关、电动工具、仪器仪表等)。

(6) 工作室或工作台上有便于操作的电源开关。

(7) 从事电力电子技术工作时，工作台上应设置隔离变压器。

3) 安全操作习惯

习惯是一种下意识的、不经思索的行为方式，安全操作习惯可以经过培养逐步形成，并使操作者终身受益。为了防止触电，应遵守的安全操作习惯如下：

(1) 在任何情况下检修电路和电器时都要确保断开电源，仅仅断开设备上的开关是不够的，还要拔下插头。

(2) 不要用湿手开、关、插、拔电器。

(3) 遇到不明情况的电线，先认为它是带电的。

(4) 尽量单手操作电工作业。

(5) 不在疲倦、带病等不利状态下从事电工作业。

(6) 遇到较大体积的电容器先进行放电，再进行检修。

(7) 触及电路的任何金属部分之前都应进行安全测试。

在电子装接工作中，除了注意用电安全外，还要防止机械损伤和防止烫伤，相应的安全操作习惯如下：

(1) 用剪线钳剪断小导线(如去掉焊好的过长元器件引线)时，要让导线飞出方向朝着工作台或空地，决不可向人或设备。

(2) 用螺丝刀拧紧螺钉时，另一只手不要握在螺丝刀刀口方向。

(3) 烙铁头在没有确信脱离电源时，不能用手摸以免烫伤。

(4) 烙铁头上多余的锡不要乱甩。

(5) 在通电状态下不要触及发热电子元器件(如变压器、功率器件、电阻、散热片等)，以免烫伤。

2. 设备安全

在电子工艺实训中，要使用一些电子仪器(而且有时用到的电子仪器还非常昂贵)，因此，除了特别注意人身安全外，设备安全也不容忽视。

1) 设备接电前检查

将用电设备接入电源前，必须注意用电设备不一定都是接 AC 220 V/50 Hz 电源。我国市电标准为 AC 220 V/50 Hz，但是世界上不同国家是不一样的，有 AC 110 V、AC 115 V、AC 127 V、AC 225 V、AC 230 V、AC 240 V 等电压，电源频率有 50 Hz/60 Hz 两种。

另外，环境电源输出不一定都是 220 V，特别对工厂企业、科研院所，有些地方需要 AC 380 V 或 AC 36 V，有的地方需要 DC 12 V。因此，建议设备接电前要"三查"。

(1) 查设备铭牌。按国家标准，设备都应在醒目处标识有该设备要求的电源电压、频率、电源容量的铭牌或标志；小型设备的说明也可能在说明书中。

(2) 查环境电源。查电压、容量是否与设备吻合。

(3) 查设备本身。查电源线是否完好，外壳是否可能带电，一般用万用表进行检查。

2) 设备使用异常的处理

(1) 用电设备在使用中可能发生的异常情况如下：

① 设备外壳或手持部位有麻电感觉。

② 开机或使用中熔断丝烧断。

③ 出现异常声音，如噪声加大、有内部放电声、电机转动声音异常等。

④ 异味，最常见为塑料味、绝缘漆挥发出的气味，甚至烧焦的气味。

⑤ 机内打火，出现烟雾。

⑥ 仪表指示超范围。有些指示仪表数值突变，超出正常范围。

(2) 异常情况的处理办法：

① 凡遇上述异常情况之一，应尽快断开电源，拔下电源插头，对设备进行检修。

② 对烧断、熔断的情况，决不允许换上大容量熔断器工作，一定要查清原因再换上同规格熔断器。

③ 及时记录异常现象及部位，避免检修时再通电。

④ 对有麻电感觉但未造成触电的现象不可忽视，这种情况往往是因为绝缘受损但未完全损坏，必须及时检修。否则随着时间推移，绝缘逐渐被完全破坏，危险增大。

3. 触电急救与电气消防

1) 触电急救

发生触电事故，千万不要惊慌失措，必须用最快的速度使触电者脱离电源。要记住当触电者未脱离电源前本身就是带电体，同样会使抢救者触电。一旦发现有人触电，应立即按以下步骤施救：

(1) 必须让触电者迅速脱离电源。脱离电源最有效的措施是拉闸或拔出电源插头。如果一时找不到或来不及找的，可用绝缘物(如带绝缘柄的工具、木棒、塑料管等)移开或切断电源线。关键是一要快，二要不使自己触电。一两秒的迟缓都可能造成无可挽救的后果。

(2) 脱离电源后，将触电者迅速移到通风干燥的地方仰卧，把他的上衣和裤带放松，观察有没有呼吸；摸一摸脖子上的动脉，看有没有脉搏。

(3) 实施急救。若触电者呼吸、心跳均停止，应同时交替进行口对口人工呼吸和心脏按压，并打电话呼叫救护车。

(4) 尽快送往医院，运送途中不可停止施救。

切记：

(1) 切勿用潮湿的工具或金属物去拨电线。

(2) 触电者未脱离电源前，切勿用手抓碰触电者。

(3) 切勿用潮湿的物件搬动触电者。

2) 电气消防

火灾是造成人们生命和财产损害的重大灾害之一。随着现代电气化的日益发展，在火灾总数中，电气火灾所占的比例不断上升。因此，在电子工艺实训中，必须重视预防电气火灾发生的内容。

(1) 发现电子装备、电气设备、电缆等冒烟起火，要尽快切断电源。

(2) 使用沙土、二氧化碳或四氯化碳等不导电灭火介质，忌用泡沫或水进行灭火。

(3) 灭火时不可将身体或灭火工具触及导线和电气设备。

(4) 迅速拨打"119"或"110"电话报警。

第二部分　电子元器件的识别与测量

电子元器件是电路中具有独立电气性能的基本单元，是组成电子产品的基础，在各类电子产品中占有重要地位，熟悉和掌握常用电子元器件的种类、结构、性能、使用范围和质量判别，对电子产品的设计、调试有着十分重要的作用。

电子元器件的品种规格极为繁多，本部分主要介绍一些常用的电子元器件，力求对电子元器件有基本了解，并掌握常用电子元器件的性能、用途和质量的判别方法。在电子产品的具体设计中，要想深入准确地了解某种电子元器件的性能指标，必须查阅相应的资料手册。

一、电阻器

当电流流过导体时，导体对电流的阻碍作用称为电阻。在电路中起电阻作用的元件称为电阻器，有时简称为电阻。电阻器可分为固定电阻器(含特种电阻器)和可变电阻器(电位器)两大类。

1. 型号命名法及图形符号

根据国家标准，电阻器和电位器的型号由以下几部分组成：

第一部分，用字母表示产品的名称。如 R 表示电阻器，W 表示电位器；

第二部分，用字母表示产品材料。T—碳膜、H—合成膜、S—有机实芯、N—无机实芯、J—金属膜、Y—氧化膜、C—沉积膜、I—玻璃釉膜、X—线绕；

第三部分，一般用数字表示分类，个别类型也可用字母表示。对电阻而言：1—普通、2—普通、3—超高频、4—高阻、5—高温、6—精密、7—精密、8—高压、9—特殊、G—高功率、T—可调；

对电位器而言：1—普通、2—普通、7—精密、8—特殊函数、9—特殊、W—微调、D—多圈、X—小型；

第四部分，用数字表示序号，表示同类产品中不同的品种，以区分产品的外型尺寸和性能指标。

型号命名方法见表 2.1。

几类常见电阻器的图形符号如图 2.1 所示。

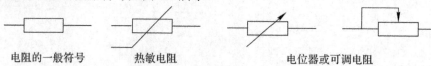

电阻的一般符号　　　　热敏电阻　　　　　　　　电位器或可调电阻

图 2.1　电阻器的图形符号

表 2.1 电阻器和电位器的名称、材料和分类符号意义

第一部分		第二部分		第三部分		
					意义	
符号	意义	符号	意义	符号	电阻器	电位器
R	电阻器	T	碳膜	1	普通	普通
W	电位器	J	金属膜	2	普通	普通
		Y	氧化膜	3	超高频	
		H	合成膜	4	高阻	
		C	沉积膜	5	高温	
		S	有机实芯	6	精密	
		N	无机实芯	7	精密	精密
		X	线绕	8	高压	特殊函数
		I	玻璃釉膜	9	特殊	特殊
				G	高功率	
				T	可调	
				W		微调
				D		多圈
				X		小型

2. 电阻器的种类

电阻器通常分为固定电阻器和可变电阻器两大类，而固定电阻器按电阻体材料、结构形式和用途又可分成多个种类。

按电阻体材料来分，电阻器可分为线绕型和非线绕型两大类。非线绕型的电阻器又分为薄膜型和合成型两类。线绕型电阻器的电阻体是绕制在绝缘件上的高阻合金丝，薄膜型电阻器的电阻体是沉积在绝缘体上的一层电阻膜，而合成型电阻器的电阻体则是由导电颗粒和融合剂(有机或无机)的机械混合物组成的，它除了可以做成实芯电阻器外，还可以做成薄膜型电阻器，如合成膜电阻器。

按结构形式来分，电阻器又可分为圆柱形电阻器、管形电阻器、圆盘形电阻器以及平面形电阻器等。按引出线形式的不同，电阻器又可分为轴向引线型、径向引线型、同向引线型及无引线型等。按保护方式的不同，电阻器又可分为无保护、涂漆、塑压、密封和真空密封等类型。

按用途的不同，电阻器通常可分为以下几类：

1) 通用电阻器

通用电阻器又称为普通电阻器，功率一般在 0.1～10 W 之间，电阻器的阻值为 100 Ω～10 MΩ，工作电压一般在 1 kV 以下，可供一般电子设备使用。

2) 精密电阻器

精密电阻器的精度一般可达 0.1%～2%，箔式电阻器的精度较高，可达 0.005%。精密电阻器的阻值为 1 Ω～1 MΩ。精密电阻器主要用于精密测量仪器及计算机设备。

3) 高阻电阻器

高阻电阻器是高阻值的碳合成膜电阻器，阻值一般在 10^7～10^{13} Ω 范围内，其结构与碳膜电阻器相同。电阻值高于 10^{12} Ω 以上的电阻器，对基体和电阻膜上涂覆层的绝缘性能有更高的要求，可采用绝缘性能更好的超高频瓷或滑石瓷作基体。这类电阻器的阻值较高，但它的额定功率很小，只限用于弱电流的检测仪器中。

4) 功率型电阻器

功率型电阻器的额定功率一般在 300 W 以下，其阻值较小(在几千欧姆以下)，主要用于大功率的电路中。

5) 高压电阻器

高压电阻器的工作电压为 10～100 kV，外形大多细而长，多用于高压设备中。

6) 高频电阻器

高频电阻器固有的电感及电容很小，因而它的工作频率高达 10 MHz 以上，主要用于无线电发射机及接收机。

7) 敏感电阻器

敏感电阻器是指器件特性对温度、电压、湿度、光照、气体、磁场、压力等作用敏感的电阻器。有压敏电阻器、热敏电阻器、光敏电阻器、力敏电阻器、气敏电阻器、湿敏电阻器等。

敏感电阻器的符号是在普通电阻器的符号中加一斜线，并在旁标注敏感电阻器的类型，如：t、v 等。

3. 常用电阻器

1) 线绕电阻器

线绕电阻器是用高阻合金线绕在绝缘骨架上制成，外面涂有耐热的釉绝缘层或绝缘漆。线绕电阻器具有较低的温度系数，阻值精度高，稳定性好，耐热，耐腐蚀，主要做精密大功率电阻器使用，缺点是高频性能差，时间常数大。

2) 薄膜电阻器

薄膜电阻器是用蒸发的方法将一定电阻率的材料蒸镀于绝缘材料表面制成。常用的有碳膜电阻器、合成碳膜电阻器、金属膜电阻器、金属氧化膜电阻器、化学沉积膜电阻器、玻璃釉膜电阻器、金属氮化膜电阻器等。

3) 碳膜电阻器

碳膜电阻器是将结晶碳沉积在陶瓷棒骨架上而制成。碳膜电阻器成本低、性能稳定、阻值范围宽、温度系数和电压系数低，是目前应用最广泛的电阻器。

4) 金属膜电阻器

金属膜电阻器是用真空蒸发的方法将合金材料蒸镀于陶瓷棒骨架表面，如图 2.2 所示。金属膜电阻器比碳膜电阻器的精度高，稳定性好，噪声低，温度系数小。在仪器仪表及通讯设备中大量采用。

5) 金属氧化膜电阻器

金属氧化膜电阻器是在绝缘棒上沉积一层金属氧化物而制成，如图 2.3 所示。由于其本身是氧化物，所以高温下稳定，耐热冲击，负载能力强。

图 2.2　金属膜电阻器　　　　　　　　图 2.3　金属氧化膜电阻器

6) 合成膜电阻器

合成膜电阻器是将导电合成物的悬浮液涂敷在基体上而得，因此也叫漆膜电阻。

由于其导电层呈现颗粒状结构，所以噪声大，精度低，主要用来制造高压、高阻、小型电阻器。

7) 金属玻璃铀电阻器

将金属粉和玻璃铀粉混合，采用丝网印刷法印在基板上。耐潮湿，耐高温，温度系数小，主要应用于厚膜电路。

贴片电阻器 SMT 是金属玻璃铀电阻器的一种形式，其电阻体是采用高可靠的钌系列玻璃铀材料经过高温烧结而成，电极采用银钯合金浆料。体积小，精度高，稳定性好，由于其为片状元件，所以高频性能好。

8) 敏感电阻器

(1) 压敏电阻器。压敏电阻器是具有非线性伏安特性并有抑制瞬态过电压作用的固态电压敏感元件。当端电压低于某一阈值时，压敏电阻器的电流几乎等于零；超过此阈值时，电流值随端电压的增大而急剧增加。压敏电阻器的非线性伏安特性是由压敏体(或称压敏结)电压降的变化而引起的，所以又称为非线性电阻器。主要有碳化硅和氧化锌压敏电阻器，氧化锌具有更多的优良特性，常用来制造避雷器等。

(2) 湿敏电阻器。湿敏电阻器由感湿层、电极、绝缘体组成。湿敏电阻器主要包括氯化锂湿敏电阻器、碳湿敏电阻器和氧化物湿敏电阻器。氯化锂湿敏电阻器随湿度上升而电阻减小，缺点为测试范围小，特性重复性不好，受温度影响大。碳湿敏电阻器的缺点为低温灵敏度低，阻值受温度影响大，老化特性差，较少使用。

氧化物湿敏电阻器的性能较优越，可长期使用，温度影响小，阻值与湿度变化呈线性关系。

(3) 光敏电阻器。光敏电阻器是电导率随着光强的变化而变化的电子元件，当某种物质受到光照时，载流子的浓度增加，从而增加了电导率，这就是光电导效应。

(4) 气敏电阻器。利用某些半导体吸收某种气体后发生氧化还原反应制成，主要成分是金属氧化物，主要品种有金属氧化物气敏电阻器、复合氧化物气敏电阻器、陶瓷气敏电阻器等。

(5) 力敏电阻器。力敏电阻器是一种阻值随压力变化而变化的电阻器，国外称为压电电阻器。所谓压力电阻效应，即半导体材料的电阻率随机械应力的变化而变化的效应。可制成各种力矩计、半导体话筒、压力传感器等。主要品种有硅力敏电阻器、硒碲合金力敏电阻器，相对而言，合金电阻器具有更高的灵敏度。

4. 主要参数及标志方法

电阻器的主要参数有标称阻值、允许偏差、额定功率、极限工作电压、稳定性、噪声电动势、最高工作温度、温度特性等，使用中一般考虑标称阻值、允许偏差、额定功率等参数。

1) 标称值

电阻器的标称值是指在电阻器上所标注的阻值。电阻器的阻值单位为欧姆，简称欧，用 Ω 表示。电阻器的阻值范围很广，由于工厂商品化生产的需要，电抗元件产品的规格是按特定数列提供的。考虑到技术上和经济上的合理性，目前主要采用 E 数列作为电抗元件规格。E 数列是按如下通项公式进行计算：

$$a_n = (\sqrt[E]{10})^{n-1} \qquad (n = 1, 2, 3, \cdots)$$

E 取不同数值时，计算所得数值四舍五入取近似值，形成数值系列。当 E 取 6，12，24，…所得值构成的数列，分别称为 $E6$，$E12$，$E24$，…系列，见表 2.2。

表 2.2 电阻器的标称值系列

系列	偏差	电阻器的标称值
$E24$	I 级 ±5%	1.0；1.1；1.2；1.3；1.5；1.6；1.8；2.0；2.2；2.4；2.7；3.0；3.3；3.6；3.9；4.3；5.1；5.6；6.2；6.8；7.5；8.2；9.1
$E12$	II 级 ±10%	1.0；1.2；1.5；1.8；2.2；2.7；3.3；3.9；4.7；5.6；6.8；8.2
$E6$	III 级 ±20%	1.0；1.5；2.2；3.3；4.7；6.8

电阻器的标称值就是按此数列数值的 10^n 分布的(n 为整数)。以 $E24$ 系列 2.0 为例，电阻器的标称值为 2 Ω，20 Ω，200 Ω，2 kΩ，20 kΩ，200 kΩ，2 MΩ，20 MΩ，200 MΩ 等，其他系列依次类推。表 2.2 所列是通用电阻器采用的系列，精密电阻器采用 $E48$(偏差±2%)，$E96$(偏差±1%)，$E192$(偏差±0.5%)等系列。由于制造、筛选及测试成本增高，使用数量较少，这些元件价格要比常用系列高数倍至数十倍。

2) 允许偏差

电阻器的标称值与实测值之间允许的最大偏差范围叫做电阻器的允许偏差。对应于不同的数列，允许偏差值也不同，数值分布越疏，偏差越大。常用 $E6$、$E12$、$E24$ 对应的偏差为±20%，±10%，±5%。

3) 标志方法

电阻器的标称值和允许偏差一般都标注在电阻体上，常用的标志方法有以下几种。

(1) 直标法。直标法是指用阿拉伯数字和单位符号(Ω、kΩ、MΩ)在元件表面直接标出阻值,用百分数标出允许偏差的方法。如图 2.4 所示,表示该电阻器的阻值为 10 kΩ,允许偏差±5%。若电阻器表面未标出允许偏差,则表示允许偏差为±20%;若未标出阻值单位,则其单位为 Ω。

(2) 文字符号法。文字符号法是指用阿拉伯数字和文字符号有规律的组合来表示阻值和允许偏差的方法。其组合规律是:阻值单位用文字符号,即用 R 表示欧姆,k 表示千欧,M 表示兆欧;阻值的整数部分写在阻值单位标志符号前面,阻值的小数部分写在阻值单位标志符号后面;阻值单位标志符号位置代表标称阻值有效数字中小数点所在位置。文字符号法允许偏差用Ⅰ、Ⅱ、Ⅲ表示。例如 5.1 Ω 可标为 5R1(如图 2.5 所示),0.33 Ω 可标为 R33,3.3 kΩ 可标为 3 k3。直标法和文字符号法一目了然,但适用于体积较大的元件。

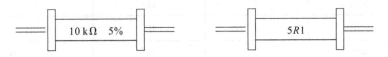

图 2.4 电阻器的直标法   图 2.5 电阻器的文字符号标称法

(3) 色码法。色码法是指将元件的各种参数值用不同的颜色表示,直接标志在产品上的一种标志方法,多用于小功率电阻器,特别是 0.5 W 以下的碳膜电阻器和金属膜电阻器。不同颜色的色环代表不同的数值、倍乘和偏差,如图 2.6 所示。各种颜色所表示的数值、倍乘和允许偏差如表 2.3 所示。色标法包括三色标法(三环)、四色标法(四环)和五色标法(五环)等表示法。在三环表示法中,三环都用以表示标称电阻值,前两环表示数值,第一环为十位,第二环为个位,第三环表示倍乘,即乘以 10^n,精度均为±20%。在四环表示法中,前三环表示电阻器的标称值,其中前两环为数值,第一环为十位,第二环为个位,第三环为倍乘,第四环表示电阻器的精度(即允许偏差的范围)。例如,某电阻器的四色环的颜色分别为棕、灰、棕、金,则表示该电阻器阻值为 $18×10^1$ Ω =180 Ω,金色表示允许偏差为±5%。五色环法一般用于精密电阻器标注,在五环表示法中,前四环表示电阻器的标称值,其中前三环为数值,第一环为百位,第二环为十位,第三环为个位,第四环为倍乘,第五环表示电阻器的精度(即允许偏差的范围),为避免混淆,第五色环的宽度是其他色环宽度的 1.5~2 倍。例如,某电阻器的五色环的颜色分别为黄、紫、黑、红、棕,则表示该电阻器阻值为 $470×10^2$ Ω=47 kΩ,允许偏差为±1%。

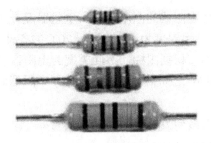

图 2.6 色码电阻器

表 2.3 色码的表示意义

颜色	有效数字	倍乘	允许偏差/(%)
棕色	1	10^1	±1
红色	2	10^2	±2
橙色	3	10^3	
黄色	4	10^4	
绿色	5	10^5	±0.5
蓝色	6	10^6	±0.2
紫色	7	10^7	±0.1
灰色	8	10^8	
白色	9	10^9	+50～-20
黑色	0	10^0	
银色		10^{-1}	±10
金色		10^{-2}	±5
无色		10	±20

注：三色环时前两位为有效数字，第三位为倍乘；四色环时前两位为有效数字，第三位为倍乘，第四位为允许偏差；五色环时前三位为有效数字，第四位为倍乘，第五位为允许偏差。

(4) 数码法。数码法是指用三位数字表示电阻器标称值的方法，如图 2.7 所示。从左到右，前两位数表示有效数字，第三位为零的个数，单位为 Ω。例如，103 表示该电阻器的阻值为 10 000 Ω。数码法不能表示允许偏差。

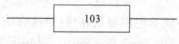

图 2.7 电阻器的数码标注法

4) 额定功率

电流流过电阻器时会使电阻器的温度升高，电阻器温升过高就会将其烧坏。在正常的大气压力 90～106.6 kPa 及环境温度为 -55℃～+70℃ 的条件下，电阻器长期工作所允许耗散的最大功率称为额定功率。根据国标，不同类型的电阻器有不同系列的额定功率。通常额定功率系列是 0.05～500 W 之间数十种规格。选择电阻器时应使额定值高于其在电路中实际值的 1.5 倍～2 倍。

线绕电阻器的额定功率系列为(W)：1/20、1/8、1/4、1/2、1、2、4、8、10、16、25、40、50、75、100、150、250、500。

非线绕电阻器的额定功率系列为(W)：1/20、1/8、1/4、1/2、1、2、5、10、25、50、100。

此外，实际电路图中的电阻器采用固定符号标注功率，如图 2.8 所示。

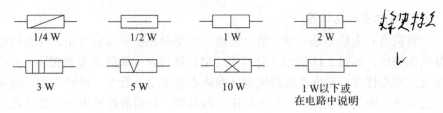

图 2.8　电阻器的功率标注法

5) 温度系数

所有材料的电阻率都随温度变化而变化，电阻器的阻值同样如此，在衡量电阻器的温度稳定性时，使用温度系数来描述：$a_r = \dfrac{R_2 - R_1}{R_1(t_2 - t_1)}$。式中：$a_r$ 为电阻温度系数，单位为 $1/℃$；R_1、R_2 分别为温度 t_1、t_2 时的电阻值，单位为 Ω。金属膜、合成膜等电阻器具有较小的温度系数，适当控制材料及加工工艺，可以制成稳定性高的电阻器。

6) 噪声

噪声产生于电阻器中一种不规则的电压起伏，包括热噪声和电流噪声两种。任何电阻器都有热噪声，降低电阻器的工作温度，可以减小热噪声；电流噪声与电阻器内的微观结构有关，合金型电阻器无电流噪声，薄膜型电阻器的电流噪声较小，合成型电阻器的电流噪声最小。

二、电位器

电位器实际上是一个可变电阻器，典型的电位器结构如图 2.9(a)所示。它有三个引出端，其中 1~3 两端电阻值最大，2~3 或 1~2 之间的电阻值可以通过与轴相连的簧片(一般轴与簧片之间是绝缘的)位置不同而加以改变。电位器通常有三种接法，如图 2.9(b)所示。电位器和一般可变电阻器的不同之处是它用于电路中经常改变电阻的位置，如收录机的音量控制，电视机中的亮度、对比度调节等。为了使用方便，有的电位器还装有电源开关。

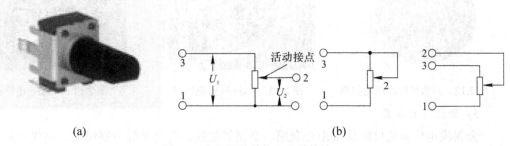

（a）　　　　　　　　　　　　　　　　（b）

图 2.9　电位器的结构和三种接法

1. 常用电位器

1) 合成碳膜电位器

合成碳膜电位器的电阻体是用经过研磨的碳黑、石墨、石英等材料涂敷于基体表面而成，如图 2.10 所示，该工艺简单，是目前应用最广泛的电位器。优点是分辨力高，耐磨性好，寿命较长。缺点是电流噪声和非线性大，耐潮性和阻值稳定性差。

2) 有机实心电位器

有机实心电位器是一种新型电位器，它是用加热塑压的方法，将有机电阻粉压在绝缘体的凹槽内，如图 2.11 所示。有机实心电位器与合成碳膜电位器相比，具有耐热性好、功率大、可靠性高、耐磨性好的优点。但缺点是温度系数大、动噪声大、耐潮性能差、制造工艺复杂、阻值精度较差。在小型化、高可靠、高耐磨性的电子设备以及交、直流电路中用作调节电压、电流。

图 2.10　合成碳膜电位器　　　　　　　图 2.11　有机实心电位器

3) 金属玻璃铀电位器

金属玻璃铀电位器是用丝网印刷法按照一定图形，将金属玻璃铀电阻浆料涂覆在陶瓷基体上，经高温烧结而成。优点是阻值范围宽，耐热性好，过载能力强，耐潮、耐磨性好等，是一种很有前途的电位器，缺点是接触电阻和电流噪声大。

4) 线绕电位器

线绕电位器是将康铜丝或镍铬合金丝作为电阻体，并把它绕在绝缘骨架上制成，如图 2.12～2.14 所示。线绕电位器具有精度高、稳定性好、温度系数小、接触可靠等优点，并且耐高温，功率负荷能力强，其缺点是阻值范围不够宽、高频性能差、分辨力不高，而且高阻值的线绕电位器易断线。主要用作分压器、变阻器、仪器中调零和工作点等。

图 2.12　锁紧单圈线绕电位器　　图 2.13　wxj3 精密电位器　　图 2.14　wx250 电位器

5) 金属膜电位器

金属膜电位器的电阻体可由合金膜、金属氧化膜、金属箔等分别组成。其优点是分辨力高、耐高温、温度系数小、动噪声小、平滑性好。

6) 导电塑料电位器

导电塑料电位器是用特殊工艺将 DAP(邻苯二甲酸二烯丙酯)电阻浆料覆在绝缘机体上，加热聚合成电阻膜，或将 DAP 电阻粉热塑压在绝缘基体的凹槽内形成的实心体作为电阻体，如图 2.15 所示。优点是平滑性好、分辨力优异、耐磨性好、寿命长、动噪声小、可靠性极高、耐化学腐蚀。用于宇宙装置、导弹、飞机雷达天线的伺服系统等。

7) 带开关的电位器

带开关的电位器有旋转式开关电位器、推拉式开关电位器、推推式开关电位器等几种，如图 2.16 所示。

图 2.15 导电塑料电位器　　　　　图 2.16 带开关的电位器

8) 预调式电位器

在电路中，预调式电位器一旦调试好，用蜡封住调节位置，一般情况下不再调节。

9) 直滑式电位器

直滑式电位器采用直滑方式改变电阻值，如图 2.17 所示。

10) 双联电位器

双联电位器其实就是两个相互独立的电位器的组合，在电路中可以调节两个不同的工作点的电压或信号强度，例如：双声道音频放大电路中的音量调节电位器就是双联电位器，可以同时分别调节两个声道的音量。

双联电位器有异轴双联电位器和同轴双联电位器两种，图 2.18 是同轴双联电位器。

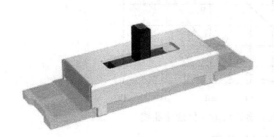

图 2.17 直滑式电位器　　　　　图 2.18 同轴双联电位器

11) 无触点电位器

无触点电位器没有触点，消除了机械接触，寿命长、可靠性高，常见的有光电式电位器、磁敏式电位器等。

2. 电位器的参数

表征电位器性能的参数很多，例如标称阻值、额定功率、电阻温度系数、电阻规律、绝缘电阻、耐磨寿命、平滑性、零位电阻、起动力矩、使用条件等。下面介绍几种常用的参数。

1) 标称值和允许偏差

电位器的系列与电阻器的系列类似。根据不同精度等级，实测阻值与标称值的误差范围可为 $\pm 20\%$、$\pm 10\%$、$\pm 5\%$、$\pm 2\%$、$\pm 1\%$，精密电位器的精度可达 $\pm 0.1\%$。

2) 额定功率

额定功率是电位器上两个固定端允许耗散的最大功率。使用中应注意，额定功率不等于中心轴头与固定端的功率。线绕电位器的功率系列(W)为 0.25，0.5，1，2，3，5，10，16，25，40，63，100；非线绕电位器的功率系列(W)为 0.025，0.05，0.1，0.25，0.5，1，2，3 等。

3) 滑动噪声

当电刷在电阻体上滑动时，电位器中心端与固定端的电压出现无规则的起伏现象，称为电位器的滑动噪声。它是由电阻体电阻率分布的不均匀性和电刷滑动时接触电阻的无规律变化引起的。

4) 阻值变化规律

电位器的阻值变化规律反映了电位器输出特性的函数关系，所以又把这种变化规律称为输出特性。电位器的阻值变化规律是指其阻值与滑动触点旋转角度或滑动行程之间的变化规律，通常可分为线性和非线性两大类，而非线性的又分为指数式、对数式及特殊函数式(如正弦式和余弦式)型。常用的电位器阻值变化规律有三种，即直线式(X 型)、指数式(Z 型)以及对数式(D 型)。这三种形式的变化规律曲线如图 2.19 所示。

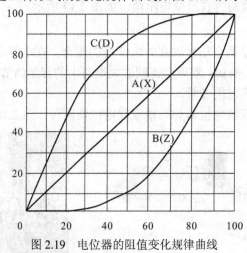

图 2.19　电位器的阻值变化规律曲线

3. 电阻器和电位器的选用、质量判别与代用

1) 电阻器和电位器的选用

(1) 种类的选取。对于一般的电子产品，可以使用普通的碳膜或碳质电阻器，它们价格便宜，货源充足；对于高品质的扩音机、录音机、电视机等，应选用较好的碳膜电阻器、金属膜电阻器或线绕电阻器；对于测量电路或仪表、仪器电路，应选用精密电阻器，以满足高精度的需要；在高频电路中，应选用有机实心电阻器或无感电阻器，不宜使用合成电阻器或普通线绕电阻器。

(2) 阻值和精度的选取。电阻值应根据实际需要的计算值，选择系列表中近似的标称值。若有高精度的要求，则应选择精密电阻器。

(3) 额定功率的选择。电阻器的额定功率应大于实际耗散功率，在一般情况下，选择电阻器的额定功率为耗散功率的两倍以上的电阻器。

(4) 电位器的选择。除了以上几点，选择电位器还应注意以下 3 点：

① 阻值变化性的选择，应根据用途来选择，如音量控制电位器应选用指数式或直线式，但不宜选用对数式。用做分压器时，应选用直线式；做音调控制时，应选用对数式。

② 要求高分辨力时，可选用各类非线绕电位器、多圈式微调电位器。

③ 调节后不需要再动的，选用锁紧式电位器。

2) 电阻器、电位器的质量判别

(1) 电阻器的质量判别。电阻器的质量好坏比较容易鉴别，方法如下：

① 从外观上进行检查，看外形是否端正、标志是否清晰、保护漆层是否完好。对安装在电器装置上的电阻器，通常表面漆层发棕黄或变黑是电阻器过热甚至烧毁的征兆，可对此重点加以检查。

② 外观检查完毕，然后可用万用表选择适当的欧姆挡量程进行检测。注意用万用表测量电路中的电阻时，应把电阻器的一端与电路断开，以免电路元件的并联影响测量的准确性。另外，测量高阻值(例如 1 MΩ 以上)电阻器时，不允许用两只手同时接触表笔两端，否则会将人体电阻并联于被测电阻器上而影响测量的准确性。

要精确测量某些仪表的电阻值时需使用电阻电桥。

(2) 电位器的质量判别。电位器的好坏可用万用表的欧姆挡进行检查，方法如下(参照图2.9)：

① 用适当的欧姆挡测量电位器 1～3 端的总阻值，看是否在标称值范围内。

② 将表笔接于 1～2 或 2～3 引出端间，反复慢慢地旋动电位器轴，看示值是否连续、均匀地变化；如变化不连续，则说明接触不良。

③ 测量电位器各端子与外壳及旋转轴之间的绝缘电阻，看其绝缘电阻是否足够大。

3) 电阻器、电位器的代用

电阻器一旦损坏，或电位器磨损严重，通常选用原型号和原阻值的元件，另外还要注意：

(1) 在电阻器代用时，如果允许不考虑价格和体积，则大功率电阻器可以取代同阻值小功率电阻器，金属膜电阻器可以取代同阻值、同功率碳膜电阻器或碳质电阻器，半可调电阻器可以取代固定电阻器，如果需调节的机会极少，则固定电阻器也可取代调定阻值的等值半可调电阻器。

(2) 在电位器代用时，电位器的体积、外形应与原电位器差不多，阻值可以变化20%～30%，代用电位器的额定功率一般不得小于原电位器。假如电位器是用在信号控制电路上，电位器的瓦数可以不考虑，电位器轴的长短及截面形状应能与原旋钮配合。如果轴的长短与轴端面需处理加工，必须在安装前进行，以免损坏机件。

三、电容器

电容器是组成电路的一种基本且重要的元件。它是一种储能元件，在电路中广泛应用于隔直、耦合、旁路、滤波、调谐等方面。

所谓电容器，就是能够储存电荷的“容器”。只不过这种“容器”存储的是一种特殊的物质——电荷，而且其所存储的正负电荷等量地分布于两块不直接导通的导体板上。至此，我们就可以描述电容器的基本结构为两块导体板(通常为金属板)中间隔以电介质，即构成电容器的基本模型。电容器用 C 表示，电容单位有法拉(F)、微法拉(μF)、皮法拉(pF)，1 F=10^6 μF=10^{12} pF。

1. 型号命名方法及图形符号

根据国家标准规定，电容器的命名方法与电阻器类似，也是由以下几部分组成：

第一部分，用字母表示产品主称；

第二部分，用字母表示产品材料；

第三部分，用数字表示产品分类；

第四部分，用数字表示产品序号。

用字母表示产品的材料：A—钽电解质、B—聚苯乙烯有机薄膜、C—高频瓷介、D—铝电解质、H—复合介质、I—玻璃釉、J—金属化纸介、L—聚酯涤纶有机薄膜、N—铌电解质、Y—云母、Z—纸介。

按工作中电容量的变化情况，电容器分为固定电容器、半可调和可变电容器；按介质材料不同，电容器分为瓷介、涤纶电容器。电容器的电路符号如图 2.20 所示。

一般符号　极性电容　可变电容　微调电容　穿心电容　双联同轴可变电容器

图 2.20　电容器的电路符号

电容器的主称，材料和分类符号意义如表 2.4 所列。

表 2.4　电容器命名方法

主　称		材　料		分　类				
符号	意义	符号	意义	符号	意义			
					瓷介电容	云母电容	电解电容	有机电容
C	电容器	C	高频瓷介	1	圆片	非密封	箔式	非密封
		Y	云母	2	管形	非密封	箔式	非密封
		Z	纸介	3	叠片	密封	烧结粉固体	密封
		J	金属化纸介	4	独石	密封	烧结粉固体	密封
		B	聚苯乙烯有机薄膜	5	穿心			穿心
		L	聚酯涤纶有机薄膜	6	支柱			
		D	铝电解质	7				无极性
		A	钽电解质	8	高压	高压		高压
		N	铌电解质	9			特殊	特殊
		I	玻璃釉	G	高功率			
		H	复合介质	W	微调			

2. 电容器的分类

1) 按结构分类

按结构分，电容器分为固定电容器、可变电容器和微调电容器。

2) 按电解质分类

按电解质分，电容器分为有机介质电容器、无机介质电容器、电解电容器和空气介质电容器等。

3) 按用途分类

按用途分，电容器分为高频旁路、低频旁路、滤波、调谐、高频耦合、低频耦合、小型电容器。

(1) 高频旁路电容器：陶瓷电容器、云母电容器、玻璃膜电容器、涤纶电容器、玻璃釉电容器。

(2) 低频旁路电容器：纸介电容器、陶瓷电容器、铝电解电容器、涤纶电容器。

(3) 滤波电容器：铝电解电容器、纸介电容器、复合纸介电容器、液体钽电容器。

(4) 调谐电容器：陶瓷电容器、云母电容器、玻璃膜电容器、聚苯乙烯电容器。

(5) 高频耦合电容器：陶瓷电容器、云母电容器、聚苯乙烯电容器。

(6) 低频耦合电容器：纸介电容器、陶瓷电容器、铝电解电容器、涤纶电容器、固体钽电容器。

(7) 小型电容器：金属化纸介电容器、陶瓷电容器、铝电解电容器、聚苯乙烯电容器、固体钽电容器、玻璃釉电容器、金属化涤纶电容器、聚丙烯电容器、云母电容器。

3. 常用电容器

1) 铝电解电容器

铝电解电容器是用浸有糊状电解质的吸水纸夹在两条铝箔中间卷绕而成，采用薄氧化膜作为介质的电容器，如图 2.21 所示。因为氧化膜具有单向导电性质，所以电解电容器具有极性、容量大，能耐受大的脉动电流，容量误差大，泄漏电流大；不适于在高频和低温下应用，不宜使用在 25 kHz 以上频率的低频旁路、信号耦合、电源滤波电路中。

电容量：0.47～10 000 μF。

额定电压：6.3～450 V。

主要特点：体积小、容量大、损耗大、漏电大。

应用：电源滤波、低频耦合、去耦、旁路等。

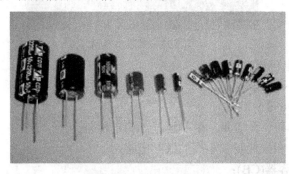

图 2.21　铝电解电容器

2) 钽电解电容器(CA)

钽电解电容器是用烧结的钽块作正极，固体二氧化锰作电解质，温度特性、频率特性和可靠性均优于普通电解电容器，如图 2.22 所示。特别是漏电流极小、贮存性良好、寿命长、容量误差小，而且体积小，单位体积下能得到最大的电容电压乘积。但是对脉动电流的耐受能力差，若损坏易呈短路状态，适用于超小型高可靠机件中。

电容量：0.1～1000 μF。

额定电压：6.3～125 V。

主要特点：损耗、漏电小于铝电解电容器。

应用：在要求高的电路中代替铝电解电容器。

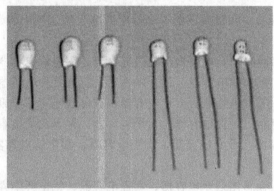

图 2.22　钽电解电容器

3) 薄膜电容器

薄膜电容器的结构与纸质电容器相似，如图 2.23 所示。采用聚酯、聚苯乙烯等低损耗塑材作介质，频率特性好，介电损耗小，但是不能做成大的容量，耐热能力差，适用于滤波器、积分、振荡、定时电路。

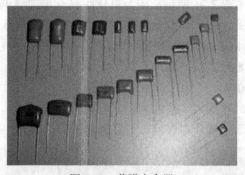

图 2.23　薄膜电容器

(1) 聚酯(涤纶)电容器(CL)：

电容量：40 pF～4 μF。

额定电压：63～630 V。

主要特点：小体积、大容量、耐热耐湿、稳定性差。

应用：对稳定性和损耗要求不高的低频电路。

(2) 聚苯乙烯电容器(CB)：

电容量：10 pF～1 μF。

额定电压：100 V～30 kV。

主要特点：稳定、低损耗、体积较大。

应用：对稳定性和损耗要求较高的电路。

(3) 聚丙烯电容器(CBB)：

电容量：1000 pF～10 μF。

额定电压：63～2000 V。

主要特点：性能与聚苯乙烯电容器相似，但体积小，稳定性略差。

应用：代替大部分聚苯乙烯或云母电容器，用于要求较高的电路。

4) 瓷介电容器

瓷介电容器也称为陶瓷电容器，是用高介电常数的电容器陶瓷(钛酸钡—氧化钛)挤压成的圆管、圆片或圆盘作为介质，并用烧渗法将银镀在陶瓷上作为电极制成。它又分高频瓷介电容器和低频瓷介电容器两种，外形如图 2.24 所示。瓷介电容器是具有小的正电容温度系数的电容器，用于高稳定振荡回路中，作为回路电容器及垫整电容器。低频瓷介电容器限于在工作频率较低的回路中作旁路或隔直流用，或对稳定性和损耗要求不高的场合(包括高频在内)。这种电容器不宜使用在脉冲电路中，因为它们易于被脉冲电压击穿。高频瓷介电容器适用于高频电路。

(1) 高频瓷介电容器(CC)：

电容量：1～6800 pF。

额定电压：63～500 V。

主要特点：高频损耗小、稳定性好。

(2) 低频瓷介电容器(CT)：

电容量：10 pF～4.7 μF。

额定电压：50～100 V。

主要特点：体积小、价廉、损耗大、稳定性差。

应用：要求不高的低频电路。

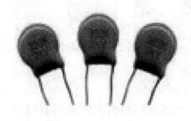

图 2.24　瓷介电容器

5) 独石电容器

独石电容器(多层陶瓷电容器)是在若干片陶瓷薄膜坯上被覆以电极浆材料，叠合后一次烧结成一块不可分割的整体，外面再用树脂包封而成小体积、大容量、高可靠和耐高温的新型电容器，如图 2.25 所示。高介电常数的低频独石电容器具有稳定的性能，体积极小、Q 值高、容量误差较大，适用于噪声旁路、滤波器、积分、振荡电路。

容量范围：0.5 pF～1 μF。

耐压：二倍额定电压。

主要特点：电容量大、体积小、可靠性高、电容量稳定，耐高温、耐湿性好等。

应用：电子精密仪器，在各种小型电子设备中用作谐振、耦合、滤波、旁路。

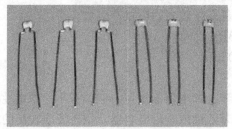

图 2.25 独石电容器

6) 纸质电容器

纸质电容器一般是用两条铝箔作为电极，中间以厚度为 0.008～0.012 mm 的电容器纸隔开，重叠卷绕而成。制造工艺简单，价格便宜，能得到较大的电容量。

一般在低频电路中，纸质电容器不能用于频率高于 3～4 MHz 的电路。而油浸电容器的耐压比普通纸质电容器高，稳定性也好，适用于高压电路。

7) 微调电容器

微调电容器的电容量可在某一小范围内调整，并可在调整后固定于某个电容值，如图 2.26 所示。瓷介微调电容器的 Q 值高，体积也小，通常可分为圆管式及圆片式两种。云母和聚苯乙烯介质的微调电容器通常都采用弹簧式调节方法，结构简单，但稳定性较差。线绕瓷介微调电容器是通过拆铜丝(外电极)来变动电容量的，故电容量只能变小，不适用于需反复调试的场合。

图 2.26 微调电容器

(1) 空气介质可变电容器：

可变电容量：100～1500 pF。

主要特点：损耗小、效率高。可根据要求制成直线式、直线波长式、直线频率式及对数式微调电容器等。

应用：电子仪器、广播电视设备等。

(2) 薄膜介质可变电容器：

可变电容量：15～550 pF。

主要特点：体积小，重量轻，损耗比空气介质的大。

应用：通讯、广播接收机等。

(3) 薄膜介质微调电容器：

可变电容量：1～29 pF。

主要特点：损耗较大、体积小。

应用：收录机、电子仪器等电路作电路补偿。

(4) 陶瓷介质微调电容器：

可变电容量：0.3～22 pF。

主要特点：损耗较小、体积较小。

应用：精密调谐的高频振荡回路。

8) 云母电容器

云母电容器是以锡箔和云母片为介质，层叠后在胶木粉中压铸而成的，外形如图 2.27 所示。由于云母材料拥有优良的电气性能和机械性能，因此云母电容自身电感和漏电损耗都很小，具有耐压范围宽、介质损耗小、绝缘电阻大、温度系数小、可靠性高、性能稳定、容量精度高等优点，特别适合用在高频振荡电路、高精度运算放大、滤波电路等场合。因云母电容器采用天然云母作为电容极间的介质，因此它的耐压性能相当好。但云母电容由于受介质材料的影响容量不能做得太大，一般容量在 10～100 000pF 之间，而且造价相对其他电容要高。

图 2.27　陶瓷电容器

9) 玻璃釉电容器(CI)

玻璃釉电容器是由一种浓度适于喷涂的特殊混合物喷涂成薄膜而成，介质再以银层电极经烧结而成"独石"结构，如图 2.28 所示。其性能可与云母电容器媲美，能耐受各种气候环境，一般可在 200℃ 或更高温度下工作，额定工作电压可达 500 V，损耗 tanδ 为 0.0005～0.008。

图 2.28　玻璃釉电容器

电容量：10 pF～0.1 μF。

额定电压：63～400 V。

主要特点：稳定性较好、损耗小、耐高温(200℃)。

应用：脉冲、耦合、旁路等电路。

4. 电容器的主要参数

1) 标称容量

电容器单位为法拉，用 F 表示。常用单位有微法(μF)、纳法(nF)、皮法(pF)。电容量单位的换算关系为：$1\,F = 10^6\,μF = 10^9\,nF = 10^{12}\,pF$。

2) 允许偏差

电容器的误差一般分为三级，即 I 级，±5%；II 级，±10%；III 级，±20%，而电解电容器的误差允许达+100%、-30%。另有部分电容器，用 J 表示允许偏差为±5%；K 表示允许偏差为±10%；M 表示允许偏差为±20%；Z 表示允许偏差为+80%、-20%。

3) 额定电压

电容器中的电介质能够承受的电场强度是有限的，当施加在电容器上的电压达到一定值时，由于电介质漏电击穿而造成电容器失效。在允许环境温度范围内，能够连续长期施加在电容器上的最大电压有效值称为额定电压，习惯叫做耐压。

额定电压通常指直流工作电压(也有部分专用于交流电路中的电容器标有交流电压)，若电容器工作于脉动电压下，则交直流分量的总和小于额定电压。在交流分量较大的电路中(例如滤波电路)，电容器的耐压应有充分的裕量。但也不是越大越好，因为高耐压电容器用于低电压电路中，额定电容量会减小。

一般电解电容器和体积较大的电容器都将额定电压直接标在电容器上，较小体积的电容器则只能依靠型号判断。

4) 绝缘电阻及漏电流

由于电容器中的介质是非理想绝缘体，因此任何电容器工作时都存在漏电流。漏电流过大会使电容器性能变坏引起电路故障，甚至电容器发热失效，电解电容器则会导致爆炸。

电解电容器由于采用电解质作介质，漏电流较大，通常会给出漏电参数，一般铝电解电容器的漏电流可达毫安数量级(与电容量、耐压成正比)，而其他电容器的漏电流极小，用绝缘电阻表示其绝缘性能。一般电容器的绝缘电阻都在数百兆欧到数吉欧。

5. 电容器容量的标志方法

1) 直标法

将标称容量及允许误差值直接标注在电容器上，如图 2.29 所示为 0.047 μF 电容器。用直标法标注的容量，有时电容上不标注单位，识读方法为：凡容量大于 1 的无极性电容器，其容量单位为 pF，如 4700 表示容量为 4700 pF；凡容量小于 1 的无极性电容器，其容量单位为 μF，如 0.01 表示容量为 0.01 μF；凡是有极性电容器，容量单位是 μF，如 10 表示容量为 10 μF。

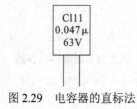

图 2.29　电容器的直标法

2) 文字符号法

文字符号法是将容量整数部分标注在容量单位标志符号的前面，容量小数部分标注在容量单位标志符号的后面，容量单位符号所占部分位置就是小数点的位置。如 4n7 就是表示容量为 4.7 nF(4700 pF)，如图 2.30 所示。若在数字前标注有 R 字样，则容量为零点几微法。如 R47 就表示容量为 0.47 μF。

图 2.30　电容器的文字符号表示法

3) 数码表示法

数码表示法是用三位数字表示电容器的容量大小，其中前两位数字为电容器标称容量的有效数字，第三位数字表示有效数字后面零的个数，单位是 pF。如 103 就表示容量为 10×10^3 pF，如图 2.31 所示。若第三位数字是"9"，有效数字应为乘上 10^{-1} 来表示，如 229 就表示容量为 22×10^{-1} pF。

图 2.31　电容器的数码表示法

4) 色标法

电容器色标法原则与电阻器色标法相同，颜色意义也与电阻器基本相同，其容量单位为 pF。当电容器引线同向时，色环电容器的识别顺序是从上到下，如图 2.32(a)所示。标注在顶部时的识别顺序是从左到右，如图 2.32(b)所示。

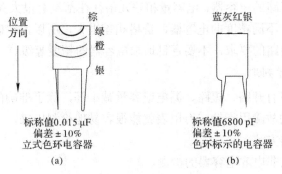

图 2.32　电容器的色码表示法

6. 电容器的选用、质量判别与代用

1) 电容器的作用

(1) 隔直流：作用是阻止直流通过而让交流通过。

(2) 旁路(去耦)：为交流电路中某些并联的元件提供低阻抗通路。

(3) 耦合：作为两个电路之间的连接，允许交流信号通过并传输到下一级电路。

(4) 滤波：滤掉交流信号，这个对 DIY 而言很重要，显卡上的电容器基本都是这个作用。

(5) 温度补偿：针对其他元件对温度的适应性不够带来的影响，而进行补偿，改善电路的稳定性。

(6) 计时：电容器与电阻器配合使用，确定电路的时间常数。

(7) 调谐：对与频率相关的电路进行系统调谐，比如手机、收音机、电视机。

(8) 整流：在预定的时间开或者关闭导体开关元件。

(9) 储能：储存电能，用于必要的时候释放。例如相机闪光灯、加热设备等(如今某些电容器的储能水平已经接近锂电池的水准，一个电容器储存的电能可以供一个手机使用一天)。

2) 电容器的选用

电容器的种类繁多，性能指标各异，合理选用电容器对于产品设计十分重要。

(1) 不同的电路应选用不同种类的电容器。

在电源滤波、退耦电路中，可选用电解电容器；在高频、高压电路中应选用瓷介电容器、云母电容器；在谐振电路中，可选用云母、陶瓷、有机薄膜等电容器；用做隔直流时可选用纸介、涤纶、云母、电解等电容器；用在调谐回路时，可选用空气介质或小型密封可变电容器。

在选用时还应注意电容器的引线形式。可根据实际需要选择焊片引出、接线引出、螺丝引出等，以适应线路的插孔要求。

(2) 电容器耐压的选择。

电容器的额定电压应高于实际工作电压的 10%～20%，对工作电压稳定性较差的电路，可留有更大的余量，以确保电容器不被损坏或击穿。

(3) 标称容量及精度等级的选择。

各类电容器均有容量标称值系列及精度等级。电容器在电路中的作用各不相同，某特殊场合(如定时电路)要求一定的容量精度，而在更多场合，容量偏差可以很大。例如，在电路中用于耦合或旁路的电容器，电容量相差几倍往往都没有很大关系。在制造电容器时，控制容量比较困难，不同精度的电容器，价格相差很大，所以，在确定电容器的容量精度时，应该仔细考虑电路的要求，不要盲目追求电容器的精度等级。

3) 电容器的质量判别

电容器常见故障有开路、短路、漏电或容量减小等，除了准确的容量要用专用仪表测量外，其他电容器的故障用指针式万用表就能很容易地检测出来，下面介绍用指针式万用表检测电容器故障的方法。

(1) 5000 pF 以上非电解电容器的检测。

首先在测量电容器前必须对电容器短路放电，再用万用表 $R \times 10$ kΩ 或 $R \times 1$ kΩ 挡测量电容器两端，表头指针应向小电阻值侧摆动一定角度后返回无穷大(由于万用表的精度所限，该类电容器指针最后都应指向无穷大)。若指针没有任何变动，则说明电容器已击穿。电容器容量越大，指针摆动幅度就越大，可以根据指针摆动最大幅度来判断电容器容量的大小，从而确定电容器的容量是否减小。

对于 5000 pF 以下的电容器用万用表 $R×10\ k\Omega$ 挡测量时，基本看不出指针摆动，所以，若指针指向无穷大则只能说明电容器没有漏电，是否有容量只能用专用仪器才能测量出来。

(2) 电解电容器的检测。

指针式万用表中黑表笔是高电位，应接电容器正极，红表笔是低电位，应接电容器负极。

测量时，指针同样摆动一定角度后返回，但并不是所有的万用表指针都返回至无穷大，有些会慢慢地稳定在某一位置上。读出该位置的阻值，即为电容器的漏电电阻，漏电电阻越大，绝缘性越高。一般情况下，电解电容器的漏电电阻大于 $500\ k\Omega$ 时性能较好，在 $200\sim500\ k\Omega$ 时电容器性能一般，而小于 $200\ k\Omega$ 时漏电较为严重。

测量电解电容器时要注意以下几点：

① 每次测量电容器前都必须先放电后测量(无极性电容器也一样)。

② 测量电解电容器时一般选用 $R×1\ k\Omega$ 或 $R×10\ k\Omega$ 挡，但 47 μF 以上的电容器一般不再用 $R×10\ k\Omega$ 挡。

③ 选用电阻挡时要注意万用表内电池(一般最高电阻挡使用 $6\sim22.5$ V 的电池，其余电阻挡使用 1.5 V 或 3 V 的电池)。电压不应高于电容器的额定直流工作电压，否则测量出来的结果是不准确的。

(3) 可变电容器的检测。

首先观察可变电容动片和定片有没有松动，然后再用万用表最高电阻挡测量动片和定片的引脚电阻，并且调整电容器的旋钮。若发现旋转到某些位置时指针发生偏转甚至指向 0 Ω 时，说明电容器有漏电或碰片情况，电容器旋动不灵活或动片不能完全旋入和完全放出都必须修理或更换，对于四联可调电容器，必须对四组可调电容分别测量。

4) 电容器的代用

电容器如已损坏应该更换，如果没有完全相同的品种也可选用代用品，可遵照如下原则进行：

(1) 保证容量基本相同，除特殊情况外(如调谐电路等)，有 20％的变动问题不大。

(2) 保证耐压相同或高于原电容器，如果实际电路中的电压值较低，代用电容器的耐压可以低于原电容器耐压，但应大于实际电路对电容器的耐压要求。旁路、滤波等用途的电容器可以用大于原电容量的电容器代替。

(3) 用于高频的电容器可以代替等值、等耐压的低频电容器。

(4) 可用两个以上相同耐压的电容器并联代替一个电容器。

四、电感器

电感器一般又称电感线圈，简称电感，也是一种储能元件，在电路中有阻交流、通直流的作用。在谐振、耦合、滤波等电路应用十分普遍，与电阻器、电容器不同的是电感线圈没有品种齐全的标准产品，特别是一些高频小电感，通常需要根据要求自行设计制作，如图 2.33 所示。

电感线圈是由导线一圈靠一圈地绕在绝缘管上，导线彼此互相绝缘，而绝缘管可以是空芯的，也可以包含铁芯或磁粉芯。电感用 L 表示，单位有亨(H)、毫亨 (mH)、微亨(μH)，$1\ H=10^3\ mH=10^6\ \mu H$。

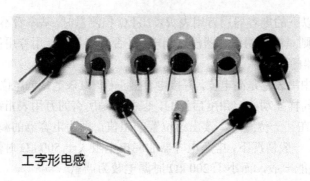

图 2.33　电感器

1. 电感器的分类

按电感形式分类：固定电感、可变电感。

按导磁体性质分类：空芯线圈、铁氧体线圈、铁芯线圈、铜芯线圈。

按工作性质分类：天线线圈、振荡线圈、扼流线圈、陷波线圈、偏转线圈。

按绕线结构分类：单层线圈、多层线圈、蜂房式线圈。

电感线圈　　　　　微调电感线圈　　　　　可调电感线圈

图 2.34　几种电感器的电路符号

2. 电感器的主要参数

1) 电感量

在没有非线性导体物质存在的条件下，一个载流线圈的磁通与线圈中的电流成正比，其中比例常数称为自感系数，用 L 表示，简称电感，其表达试为

即
$$L = \frac{\Psi}{I}$$

电感的基本单位是亨(H)，常用的有毫亨(mH)、微亨(μH)、纳亨(nH)。

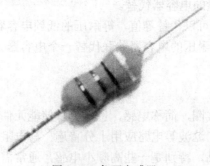

图 2.35　色环电感器

固定电感线圈的标称电感量可用直标法表示，也可用色标法表示，色环电感器电感量的大小用四色环标注法标注，与电阻器色环标注和识读方法相似，其单位是 μH，如图 2.35 所示。电感器标称值系列按 $E12$ 系列标称。

2) 电感量误差

同电阻器、电容器一样，商品电感器的标称电感量也有一定误差。常用电感器误差为Ⅰ级、Ⅱ级、Ⅲ级，分别表示误差为±5%、±10%、±20%。精度要求较高的振荡线圈，其误差为±0.2%～±0.5%。

3. 常用电感器

1) 单层线圈

单层线圈是用绝缘导线一圈挨一圈地绕在纸筒或胶木骨架上。如晶体管收音机中波天线线圈。

2) 蜂房式线圈

如果所绕制的线圈，其平面不与旋转面平行，而是相交成一定的角度，这种线圈称为蜂房式线圈。而其旋转一周，导线来回弯折的次数，常称为折点数。蜂房式绕法的优点是体积小、分布电容小，而且电感量大。蜂房式线圈都是利用蜂房绕线机来绕制，折点越多，分布电容越小。

3) 铁氧体磁芯和铁粉芯线圈

线圈的电感量大小与有无磁芯有关。在空芯线圈中插入铁氧体磁芯，可增加电感量和提高线圈的品质因数。

4) 铜芯线圈

铜芯线圈在超短波范围中应用较多，利用旋动铜芯在线圈中的位置来改变电感量，这种调整比较方便、耐用。

5) 色码电感器

色码电感器是具有固定电感量的电感器，其电感量标志方法同电阻一样以色环来标记。

6) 阻流圈(扼流圈)

限制交流电通过的线圈称阻流圈，分为高频阻流圈和低频阻流圈。

7) 偏转线圈

偏转线圈是电视机扫描电路输出级的负载，其要求是偏转灵敏度高、磁场均匀、Q 值高、体积小、价格低。

4. 电感器的选用、质量判别与代用

1) 电感器的选用

按工作频率的要求选择某种结构的线圈。用于音频段的一般要用带铁芯(硅钢片或坡莫合金)或低铁氧体芯的，频率在几百千赫到几兆赫间的线圈最好用铁氧体芯，并以多股绝缘线绕制的，磁芯要采用短波高频铁氧体，也常用空心线圈。由于多股绝缘线间分布电容的作用及介质损耗的增加，所以不适宜频率高的地方，在 100 MHz 以上时一般不能选用铁氧体芯，只能用空心线圈。如要用做微调，可用铜芯。

因为线圈骨架的材料与线圈的损耗有关，因此用在高频电路时的线圈，通常应选用高频损耗小的高频瓷作骨架。对于要求不高的场合，可选用塑料、胶木和纸作骨架的电感器，虽然损耗大一些，但它们价格低廉、制作方便、重量小。

在选用线圈时必须考虑机械结构是否牢固，不会使线圈松脱、引线接点松动等。要按电路要求的线圈电感值 L 和品质因数 Q 来选用允许范围内的 L 和 Q 的电感线圈。

2) 电感器的质量判别

在没有特殊仪表的情况下，可用万用表测量电感线圈的电阻来大致判断其好坏。一般电感线圈的直流电阻值应很小(为零点几欧至几欧)，低频扼流圈的直流电阻最多也只有几百欧至几千欧。当测得线圈电阻为无穷大时，表明线圈内部或引出端已断线。注意在测量时，线圈应与外电路断开，以避免外电路对线圈的并联作用造成错误的判断。

3) 电感器的代用

电感器如已损坏应该更换。如果没有完全相同的品种也可以用代用品。

小型固定电感器(如色码电感器)一旦断线，则需要更换新的，注意更换的电感数值要相近；收音机或收录机的电感线圈，特别是和可变电容器组成调谐回路的线圈的电感量数值较精确，修理或更换时要当心，否则会破坏收音机的灵敏度和选择性；有些线圈在绕好后用石蜡或胶固封，重绕后如无适当的封胶和蜡最好不封，切不可用一般胶或蜡进行固封，因为这些材料会导致线圈的 Q 值下降，使整机特性变坏。

五、变压器

变压器也是一种电感器，它是利用两个电感线圈靠近时的互感应作用工作的，在电路中可以起到电压变换和阻抗变换的作用，是电子产品中十分常见的元件，如图 2.36 所示。

变压器是将两组以上的线圈绕在同一个线圈骨架上，或绕在同一铁芯上制成的。若线圈是空心的，则为空心变压器；若在绕好的线圈中插入了铁氧体磁芯的，则为铁氧体磁芯变压器；如果在绕好的线圈中插入铁芯的，称为铁芯变压器。

图 2.36 变压器

1. 分类

(1) 按冷却方式分类：干式(自冷)变压器、油浸(自冷)变压器、氟化物(蒸发冷却)变压器。

(2) 按防潮方式分类：开放式变压器、灌封式变压器、密封式变压器。

(3) 按铁芯或线圈结构分类：芯式变压器(插片铁芯、C 型铁芯、铁氧体铁芯)、壳式变压器(插片铁芯、C 型铁芯、铁氧体铁芯)、环型变压器、金属箔变压器。

(4) 按电源相数分类：单相变压器、三相变压器、多相变压器。

(5) 按用途分类：电源变压器、调压变压器、音频变压器、中频变压器、高频变压器、脉冲变压器。

2. 变压器的主要特征参数

1) 额定功率

额定功率是变压器在指定频率和电压下能长期连续工作，而不超过规定温升的输出功率，用伏安表示，习惯称瓦或千瓦，电子产品中变压器的功率一般都在数百瓦以下。

2) 变压比(或匝比)

变压比(或匝比)是变压器初级电压(匝数)与次级电压(匝数)的比值。通常变压比直接标出电压变换值,如 220 V/10 V;匝比则用比值表示,如 22:1。

3) 效率

效率是指变压器的次级输出功率与初级输入功率比值的百分数。变压器的效率与设计参数、材料、制造工艺及功率有关。通常 20 W 以下的变压器的效率约 70%~80%,而 100 W 以上变压器的效率可达 95%以上。一般电源、音频变压器要注意效率,而中频、高频变压器则不考虑效率。

4) 空载电流

变压器在工作电压下次级空载时初级线圈流过的电流称为空载电流。一般不超过额定电流的 10%,设计、制作良好的变压器空载电流可小于 5%。空载电流大的变压器损耗大、效率低。

5) 绝缘电阻和抗电强度

绝缘电阻是指变压器的线圈之间、线圈与铁芯之间以及引线之间的绝缘电阻。抗电强度指的是在规定时间内(如 1 min)变压器可承受的电压,是变压器特别是电源变压器安全工作的重要参数。不同工作电压、使用条件和要求的变压器对绝缘电阻和抗电强度的要求不同,常用的小型电源变压器的绝缘电阻不小于 500 MΩ,抗电强度大于 2000 V。

6) 漏电感

变压器初级线圈中的电流所产生的磁通并不是全部通过次级线圈,这部分叫漏磁通,由漏磁通产生的电感叫漏电感,简称漏感。漏感的存在不仅影响变压器的效率及其性能,也会影响变压器周围的电路工作,因此变压器的漏感越小越好。

除了上述主要技术指标外,不同用途的变压器还有一些特殊要求的技术指标,如音频变压器还有非线性失真、频带宽度,电源变压器还有温升等技术指标,这里就不一一介绍了。

3. 变压器的性能检测

1) 变压器同名端的检测

如图 2.37 所示,一般阻值较小的绕组可直接与电池相接,当开关闭合的一瞬间,万用表指针正偏,则说明 1、4 脚为同名端;若反偏,则说明 1、3 脚为同名端。

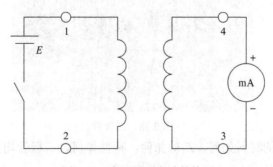

图 2.37 变压器同名端的检测

2) 电源变压器一次绕组与二次绕组的区分

由于降压电源变压器一次绕组接于交流 220 V，匝数较多，直流电阻较大，而二次绕组为降压输出，匝数较少，直流电阻也小，利用这一特点可以用万用表很容易就判断出一次和二次绕组。

3) 变压器的质量判断

一般来说，变压器的质量判别从两个方面来考虑，即开路和短路。开路的检查用万用表欧姆挡很容易进行。一般中、高频变压器的线圈圈数不多，其直流电阻应很小，在零点几欧至几欧之间，视变压器具体规格而异。音频和电源变压器由于线圈圈数较多，直流电阻可达几百欧至几千欧以上。变压器的直流电阻正常不能表示变压器完全正常。例如电源变压器内部少数线圈的短路，对变压器直流电阻影响不大，不易测出，但变压器已不能正常工作；高频变压器的局部短路更不易用测直流电阻法判别，一般要用专门测量仪器才能判别。

需要注意的是，测试时应切断变压器与其他部分的连接。电源变压器内部是否有短路，可用以下方法检查：

(1) 空载通电法：切断变压器的一切负载，接通电源，观察变压器的空载温升，如果温升较高，就说明其内部一定有局部短路。如果接通电源 15 min 至 30 min，温升正常，则说明变压器正常。

(2) 在变压器电源回路内串联一个 100 W 灯泡，接通电源时，灯泡只发微红，则变压器正常；如果灯泡很亮或较亮，则变压器内部有局部短路现象。没有经验的读者可以用同型号的变压器作比较。

六、二极管

1. 二极管的种类及特点

二极管按材料，可分为硅二极管、锗二极管、砷二极管等；按结构不同，可分为点接触二极管和面接触二极管；按用途，可分为整流二极管、检波二极管、稳压二极管、变容二极管、发光二极管、光电二极管等。如图 2.38 所示。

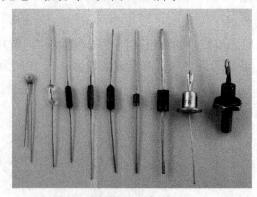

图 2.38 二极管

不管构成二极管的材料如何，结构如何，特性如何，二极管均具有单向导电性和非线性的特点。

2. 二极管的主要参数

普通二极管的主要参数有最大整流电流 I_M，反向电流 I_{CO}，最大反向工作电压 U_{RM}，最高工作频率 f_M 等参数。对于稳压二极管来说，其主要参数有稳定电压 U_Z，稳定电流 I_Z 及最大稳定电流 I_{ZM}、最大允许耗散功率 P_M、动态电阻 R_Z 等参数。其他二极管有各自的特殊参数，这里不再介绍。

3. 常用二极管

1) 整流二极管

整流二极管是指利用 PN 结的单向导电性能，将交流电变成脉动直流电的二极管，它多用硅半导体材料制成，有金属封装和塑料封装两种，常用整流二极管的外形图及电路符号见图 2.39。

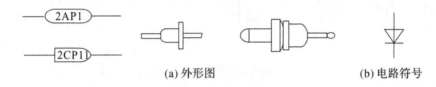

(a) 外形图   (b) 电路符号

图 2.39　整流二极管外形图及电路符号

2) 检波二极管

检波二极管是指将调制在高频电磁波上的低频信号检出来的二极管。检波二极管要求结电容小，反向电流也小，常采用点接触式二极管，常用的检波二极管有 2AP1～2AP7 及 2AP9～2AP17 等型号。

检波二极管的封装多采用玻璃或陶瓷外壳，以保证良好的高频特性。检波二极管也用于小电流整流。

检波二极管的电路符号与整流二极管相同。

3) 稳压二极管

稳压二极管是指利用二极管反向击穿时，其两端电压基本上不随电流大小变化的特性来起到稳压作用的二极管。稳压二极管的正向特性与普通二极管相似。反向电流很小，反向电压临近击穿电压时，反向电流急剧增大，发生电击穿，这时电流在很大范围内改变而管子两端电压基本保持不变，起到稳定电压的作用。必须注意的是，稳压二极管在电路上应用时一定要串联限流电阻，以避免二极管击穿后电流无限增长，否则将立即被烧毁。稳压二极管的最大工作电流受稳压管的最大耗散功率限制。最大耗散功率指电流增长到最大工作电流时，管中散发出的热量使管子损坏的功率。

4) 变容二极管

变容二极管是指利用 PN 结的空间电荷层的电容特性制成的具有可变电容功能的二极管。其特点是电容随加到管子上的反向电压的大小而变化。在一定范围内，反向偏压越小，结电容越大；反之，反向偏压越大，结电容越小。变容二极管多采用硅或砷化镓材料制成，采用陶瓷和环氧树脂封装，一般长引线表示二极管正极。变容二极管在电视机、录像机、收录机中，多用于调谐电路和自动频率微调电路。

5) 发光二极管

发光二极管是指采用特殊的材料和制造工艺，用作指示装置的二极管。当正向电压大于开启电压时有正向电流通过，发光二极管发光。根据制造材料和工艺的不同，发光颜色有红光、黄光和绿光等几种。发光二极管的外形图及电路符号如图 2.40 所示。

发光二极管的伏安特性曲线如图 2.41 所示。从曲线中可以看出，只有当加到发光二极管上的正向电压达到一定程度时，才有电流可以通过发光二极管，管子才能发光，这一正向电压 U_Z 通常为 1.5～3 V，比一般二极管的正向导通电压高得多。不同颜色的发光二极管 U_Z 值不同，通过发光二极管的电流越大，亮度越高，但电流不允许超过最大值，以免烧毁，所以应用时电路中应加限流电阻。

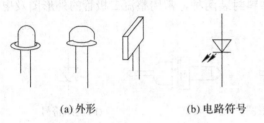
(a) 外形   (b) 电路符号

图 2.40 发光二极管的外形图及电路符号

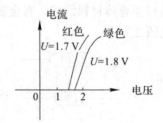

图 2.41 发光二极管的伏安特性曲线

4. 二极管的选用、质量判别和代用

1) 二极管的选用

二极管因结构工艺的不同可分为点接触二极管和面接触二极管。点接触二极管的工作频率高，承受高压和大电流的能力差，一般用于检波，小电流整流、高频开关电路中；面接触二极管适用于频率较低，工作电压、工作电流、功率均较大的场合，一般用于低频整流电路中，故选用时应根据不同的使用场合，从正向电流、反向饱和电流、最大反向电压、工作频率、恢复特性等几方面进行综合考虑。

对于具有特殊用途的二极管，如红外线发射(接收)二极管、发光二极管、光电二极管、变容二极管、激光二极管等，用于一些特殊场合中，应根据电路需要合理地选用。

2) 普通二极管的极性判别及性能检测

(1) 用指针万用表。

用万用表 $R \times 100\ \Omega$ 或 $R \times 1\ \mathrm{k}\Omega$ 挡测量二极管的正向电阻，阻值较小的一次为二极管导通，黑表笔接触的是二极管阳极(使用电阻挡时黑表笔是高电位)，红表笔接触的是二极管阴极(红表笔是低电位)，如图 2.42 所示。

二极管是非线性元件，不同万用表使用不同挡次，测量结果都不同。用 $R \times 100\ \Omega$ 挡测量时，通常小功率锗管的正向电阻在 200～600 Ω 之间，硅管的正向电阻在 900 Ω～2 kΩ 之间，利用这一特性可以区别出硅、锗两种二极管。锗管的反向电阻大于 20 kΩ 即可符合一般要求，而硅管的反向电阻都要求在 500 kΩ 以上，小于 500 kΩ 都视为漏电较严重，正常硅管测其反向电阻时，万用表指针都指向无穷大。

总的来说，二极管的正、反向电阻相差越大越好，阻值相同或相近都视为坏管。测量二极管的正、反向电阻时宜用万用表 $R \times 100\ \Omega$ 挡或 $R \times 1\ \mathrm{k}\Omega$ 挡，硅管也可以用 $R \times 10\ \mathrm{k}\Omega$ 挡来测量。

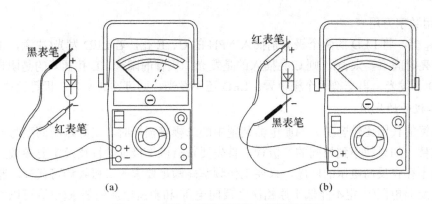

图 2.42　用指针万用表测量二极管示意图

(2) 用数字万用表。

用二极管挡测量的是二极管的电压降，正常二极管的正向压降约为 0.1～0.3 V(锗管)和 0.5～0.7 V(硅管)，红表笔接触的是二极管阳极(使用电阻挡时红表笔是高电位)；反向显示"1"。

3) 稳压管的极性判别、性能检测及稳压值测量

稳压管是利用其反向击穿时两端电压基本不变的特性来工作，所以稳压管在电路中是反偏工作的，其极性和好坏的判断与普通二极管所使用的方法一样(不要使用 $R×10\,k\Omega$ 挡)。

稳压管的稳压值可用如图 2.43 所示的方法来测量，可用直流调压器做电源，也可使用万用表内高压电池做电源，如 22.5 V 层叠电池，但测量最高稳压值应小于该电池电压，若要测量更高稳压值，则需要再串联 1～2 个同样的电池，此时万用表电压挡显示的读数就是稳压管的稳压值。

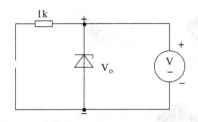

图 2.43　测量稳压管稳压值

万用表电阻挡的最高挡常使用高压层叠电池，如 6 V、9 V、15 V、22.5 V。当用最高挡测量稳压管的反向电阻，且表内层叠电池的电压高于稳压管的稳压值时，其反向电阻则变得较小，因为此时稳压管已被击穿。可利用万用表这一特性来区分普通二极管与稳压管，但若稳压值高于层叠电池的电压，就不能用这种方法来判别，只能直接测量其稳压值，若无稳压值，则可能是一般二极管。

4) 发光二极管的极性判别及性能检测

(1) 用指针万用表。

用 $R×1\,\Omega$ 挡测量发光二极管的正向电阻时，发光二极管会被点亮，利用这一特性既可判断发光二极管的好坏，也可以判断其极性。点亮时，黑表笔所碰接的引脚为发光二极管的阳极，若 $R×1\,\Omega$ 挡不使发光二极管点亮，则只能使用 $R×10\,k\Omega$ 挡正、反向测其阻值，看是否具有二极管特性，判断其好坏。

(2) 用数字万用表。

用 h_{FE} 挡，将 LED 的两个极分别插入 NPN 的 C、E 孔，若 LED 发光(注意，由于电流较大，点亮时间不要太长)，则 C 孔插入的是发光二极管的阳极，E 孔插入的是阴极。若插入后 LED 不发光，再交换两个极位置，LED 还不发光，则可判断发光二极管已损坏。

5) 二极管的代用

二极管的代用比较容易。当原电器装置中的二极管损坏时，最好选用同型号同档次的二极管代替。如果找不到相同的二极管，首先要查清原二极管的性质及主要参数。检波二极管一般不存在反向电压的问题，只要工作频率能满足要求的二极管均可代替。整流二极管要满足反向电压(一定不能低于原档次之反向电压)和整流电流的要求(电流可以大于原二极管，但不得小于)。稳压二极管一定要注意稳定电压的数值，因为同型号同档次的稳压管其稳定电压主值会有差别，所以更换时各项指标尽量合适，在要求较严的电路中还要调整有关的电路元件，使输出电压与原来的相同。

七、三极管

1. 双极型三极管的种类

三极管的种类很多，按器件材料可以分为锗三极管、硅三极管和化合物材料三极管等；按器件性能可以分为低频小功率三极管、低频大功率三极管、高频小功率三极管、高频大功率三极管；按 PN 结类型可以分为 PNP 型和 NPN 型三极管。三极管的实物图如图 2.44 所示，电路符号如图 2.45 所示。

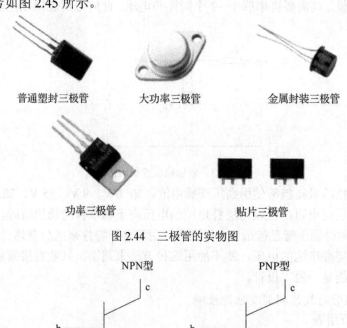

普通塑封三极管　　大功率三极管　　金属封装三极管

功率三极管　　　　贴片三极管

图 2.44　三极管的实物图

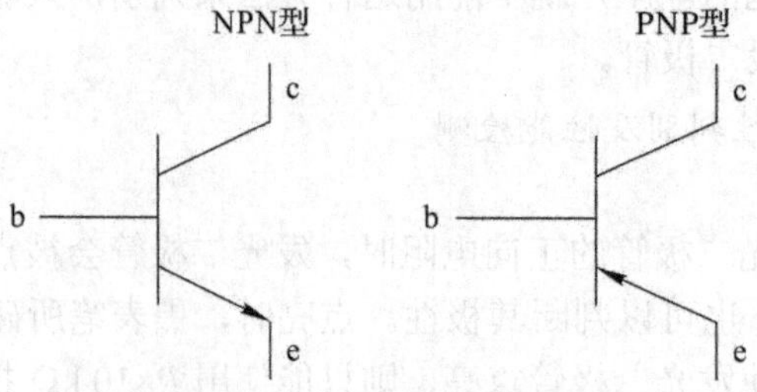

NPN型　　　　　　PNP型

图 2.45　三极管的符号图

2. 三极管的主要参数

表征晶体三极管特性的参数很多，可以大致分为三类，即直流参数、交流参数和极限参数。直流参数包括共发射极直流电流放大系数 h_{FE} 或 β、集电结反向饱和电流 I_{CBO}、集电极-发射极反向穿电流 I_{CBO} 等参数；交流参数包括共发射极交流放大系数 h_{fe}(或 β)、共基极交流放大系数 h_{fb}(或 α)、特征频率 f_T 等参数；极限参数包括集电极最大允许电流 I_{CM}、集电极-发射极击穿电压 $U_{(BR)CEO}(BU_{CEO})$ 或 $U_{(BR)CER}(BU_{CER})$、集电极最大允许耗散功率 P_{CM} 等参数。

3. 三极管的检测、选用和代用

1) 三极管的极性判断

(1) 用指针万用表检测三极管各电极极性。

先找基极：将万用表置于 $R\times100\ \Omega$ 或 $R\times1\ k\Omega$ 挡，黑表笔接三极管的某一个管脚，再用红表笔分别接触其余两电极，直至出现测得的两个电阻值均很小(或者很大)，则黑表笔接的那一管脚就是基极。为了进一步确定基极，可将红、黑表笔对调，这时测得的电阻值应当与上面的情况相反，即都很大(或都很小)，这样三极管的基极就确定无疑了。

当黑表笔接基极时，如果红表笔分别接其他两脚，所测得的阻值都很小，说明这是 NPN 型三极管。如果电阻值都很大，说明这是 PNP 型三极管。

然后区分集电极与发射极，利用三极管在放大工作条件下集电极加反偏电压，发射极加正向电压时，集电极与发射极之间电阻将下降的原理进行集电极与发射极的判定。对于 NPN 型三极管，将万用表置于 $R\times1\ k\Omega$ 或 $R\times10\ k\Omega$ 挡，用红、黑表笔接触基极以外的其余两电极，用手搭接基极和黑表笔所接电极(两电极不要短路)，记下此时表针偏转角度；然后调换表笔，仍用手搭接基极和黑表笔所接电极，记下这次表针偏转角度，比较两次测量时表针转角度，偏转角度大的一次，黑表笔所接电极是集电极，另一电极则是发射极。对于 PNP 型三极管的检测原理相同，检测方法的区别：一是万用表的挡位用 $R\times100\ \Omega$ 或 $R\times10\ k\Omega$ 挡，二是用手搭接基极和红表笔接电极，且表针偏转角度大的一次，红表笔所接电极是集电极，黑表笔所接电极是发射极。

(2) 用数字万用表检测三极管各电极极性。

先找基极：将万用表置二极管挡，红表笔接三极管的某一个管脚，再用黑表笔分别接触其余两电极，直到两个电压同为 0.7 V(硅管)或 0.3 V(锗管)为止，则该管为 NPN 三极管，且红表笔接的是基极；若黑表笔接三极管的某一个管脚，红表笔分别接触其余两电极，轮流变换管脚，才会出现两个电压同为 0.7 V 或 0.3 V 时，该管为 PNP 三极管，且黑表笔接的是基极。

然后找集电极与发射极：对于小功率管，在确定了基极及管型后，分别假定另外两极，直接插入三极管测量孔(指针万用表也可采用)，读放大倍数 h_{FE} 值，E、C 假定正确时放大倍数大(几十至几百)，E、C 假定错误时放大倍数小(一般小于 20)。

2) 三极管的质量及性能的简单鉴别

三极管质量的检测，选用指针万用表 $R×1\ k\Omega$ 或 $R×100\ \Omega$ 挡。检测硅材料 NPN 三极管时，将黑表笔接于基极，红表笔分别接于集电极和发射极，测该管结正向电阻，应为几百欧至几千欧，调换表笔后，测其 PN 结反向电阻，应在几十千欧至几百千欧以上。集电极和发射极间的电阻，无论表笔如何接，其阻值均应在几百千欧以上。检测锗材料 PNP 型三极管时，其检测方法与 NPN 型管相同，只是锗 PNP 管用 $R×100\ \Omega$ 挡更合适一些，且测出的各组阻值应小于 NPN 型管的检测值。

八、场效应管

场效应晶体管(Field Effect Transistor，FET)，简称场效应管。场效应管主要有两种类型：结场效应晶体管(Junction FET，JFET)和金属–氧化物半导体场效应管(Metal-Oxide Semiconductor FET，MOS-FET)。场效应晶体管由多数载流子参与导电，也称为单极型晶体管。它属于电压控制型半导体器件，具有输入电阻高($10^{10}\ \Omega$)、噪声小、功耗低、动态范围大、易于集成、没有二次击穿现象、安全工作区域宽等优点，现已成为双极型晶体管和功率晶体管的强大竞争者。

场效应管是利用控制输入回路的电场效应来控制输出回路电流的一种半导体器件，并以此命名。其电路符号如图 2-46 所示。

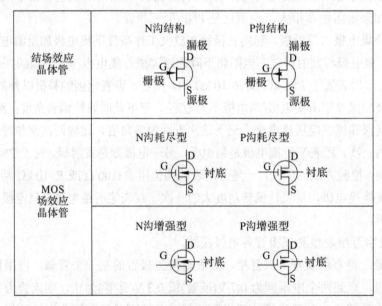

图 2-46　场效应管电路符号

1. 主要作用

(1) 场效应管可应用于放大，由于场效应管放大器的输入阻抗很高，因此耦合电容可以容量较小，不必使用电解电容器。

(2) 场效应管很高的输入阻抗非常适合作阻抗变换，常用于多级放大器的输入级作阻抗变换。

(3) 场效应管可以用作可变电阻。

(4) 场效应管可以方便地用作恒流源。

(5) 场效应管可以用作电子开关。

2. 特点

(1) 场效应管是电压控制器件，它通过 U_{GS} 来控制 I_D。

(2) 场效应管的输入端电流极小，因此它的输入电阻很大。

(3) 它是利用多数载流子导电，因此它的温度稳定性较好。

(4) 它组成的放大电路的电压放大系数要小于三极管组成放大电路的电压放大系数。

(5) 场效应管的抗辐射能力强。

(6) 由于不存在杂乱运动的少子扩散引起的散粒噪声，所以噪声低。

3. 型号命名

场效应管有两种命名方法。

第一种命名方法与双极型三极管相同，第三位字母 J 代表结型场效应管，O 代表绝缘栅场效应管。第二位字母代表材料，D 是 P 型硅，反型层是 N 沟道；C 是 N 型硅 P 沟道。例如，3DJ6D 是结型 P 沟道场效应三极管，3DO6C 是绝缘栅型 N 沟道场效应三极管。

第二种命名方法是 CS××#，CS 代表场效应管，××用数字代表型号的序号，#用字母代表同一型号中的不同规格。例如 CS14A、CS45G 等。

4. 工作原理

场效应管工作原理用一句话说，就是"用以门极与沟道间的PN 结形成的反偏的门极电压控制漏极-源极间流经沟道的 I_D"。也就是说，I_D 流经通路的宽度，即沟道截面积，它是由 PN 结反偏的变化，产生耗尽层扩展变化控制的缘故。在 $U_{GS}=0$ 的非饱和区域，表示的过渡层的扩展因为不很大，根据漏极-源极间所加 U_{DS} 的电场，源极区域的某些电子被漏极拉去，即从漏极向源极有电流 I_D 流动。从门极向漏极扩展的过度层将沟道的一部分构成堵塞型，I_D 饱和。将这种状态称为夹断。这意味着过渡层将沟道的一部分阻挡，并不是电流被切断。

在过渡层由于没有电子、空穴的自由移动，在理想状态下几乎具有绝缘特性，通常电流也难流动。但是此时漏极-源极间的电场，实际上是两个过渡层接触漏极与门极下部附近，由于漂移电场拉去的高速电子通过过渡层。因漂移电场的强度几乎不变产生 I_D 的饱和现象。其次，U_{GS} 向负的方向变化，让 $U_{GS}=U_{GS}(off)$，此时过渡层大致成为覆盖全区域的状态。而且 U_{DS} 的电场大部分加到过渡层上，将电子拉向漂移方向的电场，只有靠近源极的很短部分，这更使电流不能流通。

5. 分类简介

场效应管分为结型场效应管(JFET)和绝缘栅场效应管(MOS 管)两大类。

按沟道材料类型为分 N 沟道和 P 沟道两种；按导电方式分为耗尽型与增强型两种，结型场效应管均为耗尽型，绝缘栅型场效应管既有耗尽型的，也有增强型的。

1) 结型场效应管(JFET)

(1) 结型场效应管的分类。

结型场效应管有两种结构形式，它们是 N 沟道结型场效应管和 P 沟道结型场效应管。

结型场效应管也具有三个电极，它们是栅极、漏极、源极。电路符号中栅极的箭头方向可理解为两个 PN 结的正向导电方向。

(2) 结型场效应管的工作原理(以 N 沟道结型场效应管为例)。

N 沟道结型场效应管工作时，需要外加一定的偏置电压，即在栅-源极间加一负电压 ($U_{GS}<0$)，使栅-源极间的 PN 结反偏，栅极电流 $I_G \approx 0$，场效应管呈现很高的输入电阻(高达 $10^8 \Omega$ 左右)。在漏-源极间加一正电压($U_{DS}>0$)，使 N 沟道中的多数载流子电子在电场作用下由源极向漏极作漂移运动，形成漏极电流 I_D。I_D 的大小主要受栅-源电压 U_{GS} 控制，同时也受漏-源电压 U_{DS} 的影响。当漏极电源电压 E_D 一定时，如果栅极电压越负，PN 结交界面所形成的耗尽区就越厚，则漏、源极之间导电的沟道越窄，漏极电流 I_D 就愈小；反之，如果栅极电压没有那么负，则沟道变宽，I_D 变大，所以用栅-源电压 U_{GS} 可以控制漏极电流 I_D 的变化。

2) 绝缘栅场效应管(MOS 管)

(1) 绝缘栅场效应管的分类：绝缘栅场效应管也有两种结构形式，它们是 N 沟道型和 P 沟道型。无论是什么沟道，它们又分为增强型和耗尽型两种。

(2) 它是由金属、氧化物和半导体所组成，所以又称为金属-氧化物-半导体场效应管，简称 MOS 场效应管。

(3) 绝缘栅型场效应管的工作原理(以 N 沟道增强型 MOS 场效应管为例)，它是利用 U_{GS} 来控制"感应电荷"的多少，以改变由这些"感应电荷"形成的导电沟道的状况，然后达到控制漏极电流的目的。在制造管子时，通过工艺使绝缘层中出现大量正离子，故在交界面的另一侧能感应出较多的负电荷，这些负电荷把高渗杂质的 N 区接通，形成了导电沟道，即使在 $U_{GS}=0$ 时也有较大的漏极电流 I_D。当栅极电压改变时，沟道内被感应的电荷量也改变，导电沟道的宽窄也随之而变，因而漏极电流 I_D 随着栅极电压的变化而变化。

场效应管的工作方式有两种：当栅压为零时有较大漏极电流的称为耗尽型；当栅压为零，漏极电流也为零，必须再加一定的栅压之后才有漏极电流的称为增强型。

6. 主要参数

1) **直流参数**

饱和漏极电流 I_{DSS}：当栅、源极之间的电压等于零，而漏、源极之间的电压大于夹断电压时，对应的漏极电流。

夹断电压 U_P：当 U_{DS} 一定时，使 I_D 减小到一个微小的电流时所需的 U_{GS}。

开启电压 U_T：当 U_{DS} 一定时，使 I_D 到达某一个数值时所需的 U_{GS}。

2) **交流参数**

低频跨导 g_m：用于描述栅、源电压对漏极电流的控制作用。

极间电容：场效应管三个电极之间的电容，它的值越小表示管子的性能越好。

3) **极限参数**

漏、源击穿电压是当漏极电流急剧上升时，产生雪崩击穿时的 U_{DS}。

栅极击穿电压定义为结型场效应管正常工作时，栅、源极之间的 PN 结处于反向偏置状态，若电流过高，则产生击穿现象。

7. 测量方法

1) 电阻法测电极

根据场效应管的 PN 结正、反向电阻值不一样的现象，可以判别出结型场效应管的三个电极。具体方法：将万用表拨在 $R×1\ k\Omega$ 挡上，任选两个电极，分别测出其正、反向电阻值，当某两个电极的正、反向电阻值相等，且为几千欧姆时，则该两个电极分别是漏极 D 和源极 S。因为对结型场效应管而言，漏极和源极可互换，剩下的电极肯定是栅极 G；也可以将万用表的黑表笔(红表笔也行)任意接触一个电极，另一只表笔依次去接触其余的两个电极，测其电阻值。当出现两次测得的电阻值近似相等时，则黑表笔所接触的电极为栅极，其余两电极分别为漏极和源极；若两次测出的电阻值均很大，说明是 PN 结的反向，即都是反向电阻，可以判定是 N 沟道场效应管，且黑表笔接的是栅极；若两次测出的电阻值均很小，说明是正向 PN 结，即是正向电阻，判定为 P 沟道场效应管，黑表笔接的也是栅极。若不出现上述情况，可以调换黑、红表笔按上述方法进行测试，直到判别出栅极为止。

2) 电阻法测好坏

测电阻法是用万用表测量场效应管的源极与漏极、栅极与源极、栅极与漏极、栅极 G_1 与栅极 G_2 之间的电阻值同场效应管手册标明的电阻值是否相符去判别管的好坏。具体方法：首先将万用表置于 $R×10\ \Omega$ 或 $R×100\ \Omega$ 挡，测量源极 S 与漏极 D 之间的电阻，通常在几十欧到几千欧范围(在手册中可知，各种不同型号的管，其电阻值是各不相同的)，如果测得阻值大于正常值，可能是由于内部接触不良；如果测得阻值是无穷大，可能是内部断极。然后把万用表置于 $R×10\ k\Omega$ 挡，再测栅极 G_1 与 G_2 之间、栅极与源极、栅极与漏极之间的电阻值，当测得其各项电阻值均为无穷大，则说明管是正常的；若测得上述各阻值太小或为通路，则说明管是坏的。要注意，若两个栅极在管内断极，可用元件代换法进行检测。

3) 测放大能力

用感应信号法测放大能力的具体方法：用万用表电阻的 $R×100\ \Omega$ 挡，红表笔接源极 S，黑表笔接漏极 D，给场效应管加上 1.5 V 的电源电压，此时表针指示出的漏源极间的电阻值。然后用手捏住结型场效应管的栅极 G，将人体的感应电压信号加到栅极上。这样，由于管的放大作用，漏源电压 U_{DS} 和漏极电流 I_D 都要发生变化，也就是漏源极间电阻发生了变化，由此可以观察到表针有较大幅度的摆动。如果手捏栅极表针摆动较小，说明管的放大能力较差；表针摆动较大，表明管的放大能力大；若表针不动，说明管是坏的。

根据上述方法，用万用表的 $R×100\ \Omega$ 挡，测结型场效应管 3DJ2F。先将管的 G 极开路，测得漏源电阻 R_{DS} 为 600 Ω，用手捏住 G 极后，表针向左摆动，指示的电阻 R_{DS} 为 12 kΩ，表针摆动的幅度较大，说明该管是好的，并有较大的放大能力。

运用这种方法时要说明几点：首先，在测试场效应管用手捏住栅极时，万用表针可能向右摆动(电阻值减小)，也可能向左摆动(电阻值增加)。这是由于人体感应的交流电压较高，而不同的场效应管用电阻挡测量时的工作点可能不同(或者工作在饱和区或者在不饱和区)所致，试验表明，多数管的 R_{DS} 增大，即表针向左摆动；少数管的 R_{DS} 减小，使表针向右摆动。但无论表针摆动方向如何，只要表针摆动幅度较大，就说明管有较大的放大能力。第二，此方法对 MOS 场效应管也适用。但要注意，MOS 场效应管的输入电阻高，栅极 G

允许的感应电压不应过高，所以不要直接用手去捏栅极，必须用手握螺丝刀的绝缘柄，用金属杆去碰触栅极，以防止人体感应电荷直接加到栅极，引起栅极击穿。第三，每次测量完毕，应当 G-S 极间短路一下。这是因为 G-S 结电容上会充有少量电荷，建立起 U_{GS} 电压，造成再进行测量时表针可能不动，只有将 G-S 极间电荷短路放掉才行。

4) 无标示管的判别

首先用测量电阻的方法找出两个有电阻值的管脚，也就是源极 S 和漏极 D，余下两个脚为第一栅极 G_1 和第二栅极 G_2。把先用两表笔测得源极 S 与漏极 D 之间的电阻值记下来，对调表笔再测量一次，把其测得电阻值记下来，两次测得阻值较大的一次，黑表笔所接的电极为漏极 D，红表笔所接的电极为源极 S。用这种方法判别出来的 S、D 极，还可以用估测其管的放大能力的方法进行验证，即放大能力大的黑表笔所接的是 D 极，红表笔所接的是 S 极，两种方法检测结果均应一样。当确定了漏极 D、源极 S 的位置后，按 D、S 的对应位置装入电路，一般 G_1、G_2 也会依次对准位置，这就确定了两个栅极 G_1、G_2 的位置，从而就确定了 D、S、G_1、G_2 管脚的顺序。

5) 判断跨导的大小

测反向电阻值的变化判断跨导的大小。对 VMOSV 沟道增强型场效应管测量跨导性能时，可用红表笔接源极 S、黑表笔接漏极 D，这就相当于在源、漏极之间加了一个反向电压。此时栅极是开路的，管的反向电阻值是很不稳定的。将万用表的欧姆挡选在 R×10 kΩ 的高阻挡，此时表内电压较高。当用手接触栅极 G 时，会发现管的反向电阻值有明显的变化，其变化越大，说明管的跨导值越高；如果被测管的跨导很小，用此法测时，反向阻值变化不大。

8. 注意事项

(1) 为了安全使用场效应管，在线路的设计中不能超过管的耗散功率、最大漏源电压、最大栅源电压和最大电流等参数的极限值。

(2) 各类型场效应管在使用时，都要严格按要求的偏置接入电路中，要遵守场效应管偏置的极性。如结型场效应管栅源漏之间是 PN 结，N 沟道管栅极不能加正偏压，P 沟道管栅极不能加负偏压，等等。

(3) MOS 场效应管由于输入阻抗极高，所以在运输、储藏中必须将引出脚短路，要用金属屏蔽包装，以防止外来感应电势将栅极击穿。尤其要注意，不能将 MOS 场效应管放入塑料盒子内，保存时最好放在金属盒内，同时也要注意管的防潮。

(4) 为了防止场效应管栅极感应击穿，要求一切测试仪器、工作台、电烙铁、线路本身都必须有良好的接地；管脚在焊接时，先焊源极；在连入电路之前，管的全部引线端保持互相短接状态，焊接完后才把短接材料去掉；从元器件架上取下管时，应以适当的方式确保人体接地如采用接地环等；当然，如果能采用先进的气热型电烙铁焊接场效应管是比较方便的，并且确保安全；在未关断电源时，绝对不可以把管插入电路或从电路中拔出。以上安全措施在使用场效应管时必须注意。

(5) 在安装场效应管时，注意安装的位置要尽量避免靠近发热元件；为了防管件振动，有必要将管壳体紧固起来；管脚引线在弯曲时，应在大于根部尺寸 5 mm 处进行，以防止弯断管脚和引起漏气等。

(6) 使用 VMOS 管时必须加合适的散热器。以 VNF306 为例，该管子加装 140×140×4 (mm)的散热器后，最大功率才能达到 30 W。

(7) 多管并联后，由于极间电容和分布电容相应增加，使放大器的高频特性变坏，通过反馈容易引起放大器的高频寄生振荡。为此，并联复合的管子一般不超过 4 个，而且在每管基极或栅极上串接防寄生振荡电阻。

(8) 结型场效应管的栅源电压不能接反，可以在开路状态下保存，而绝缘栅型场效应管在不使用时，由于它的输入电阻非常高，须将各电极短路，以免外电场作用而使管子损坏。

(9) 焊接时，电烙铁外壳必须装有外接地线，以防止由于电烙铁带电而损坏管子。对于少量焊接，也可以将电烙铁烧热后拔下插头或切断电源后焊接。特别在焊接绝缘栅场效应管时，要按源极-漏极-栅极的先后顺序焊接，并且要断电焊接。

(10) 用 25 W 电烙铁焊接时应迅速，若用 45～75 W 电烙铁焊接，应用镊子夹住管脚根部以帮助散热。结型场效应管可用万用表电阻挡定性地检查管子的质量(检查各 PN 结的正反向电阻及漏源之间的电阻值)，而绝缘栅场效管不能用万用表检查，必须用测试仪，而且要在接入测试仪后才能去掉各电极短路线。取下时，则应先短路再取下，关键在于避免栅极悬空。

在要求输入阻抗较高的场合使用时，必须采取防潮措施，以免由于温度影响使场效应管的输入电阻降低。如果用四引线的场效应管，其衬底引线应接地。陶瓷封装的芝麻管有光敏特性，应注意避光使用。

对于功率型场效应管，要有良好的散热条件。因为功率型场效应管在高负荷条件下运用，必须设计足够的散热器，确保壳体温度不超过额定值，使器件长期稳定可靠地工作。

总之，确保场效应管的安全使用，要注意的事项是多种多样，采取的安全措施也是各种各样，广大的专业技术人员，特别是广大的电子爱好者，都要根据自己的实际情况，采取切实可行的办法，安全有效地用好场效应管。

九、集成电路

集成电路(Integrated Circuit)是一种微型电子器件或部件。采用一定的工艺，把一个电路中所需的晶体管、电阻、电容和电感等元件及布线互连一起，制作在一小块或几小块半导体晶片或介质基片上，然后封装在一个管壳内，成为具有所需电路功能的微型结构。其中所有元件在结构上已组成一个整体，使电子元件向着微小型化、低功耗、智能化和高可靠性方面迈进了一大步，它在电路中用字母"IC"表示。集成电路发明者为杰克·基尔比(基于锗(Ge)的集成电路)和罗伯特·诺伊思(基于硅(Si)的集成电路)，当今半导体工业大多数应用的是基于硅的集成电路。

1. 主要特点

集成电路(Integrated Circuit，IC)是 20 世纪 60 年代初期发展起来的一种新型半导体器件。它是经过氧化、光刻、扩散、外延、蒸铝等半导体制造工艺，把构成具有一定功能的电路所需的半导体、电阻、电容等元件及它们之间的连接导线全部集成在一小块硅片上,然后焊接封装在一个管壳内的电子器件。其封装外壳有圆壳式、扁平式或双列直插式等多种形式,如图 2.47 所示。

图 2.47 集成电路

集成电路具有体积小、重量轻、引出线和焊接点少、寿命长、可靠性高、性能好等优点,同时成本低,便于大规模生产。它不仅在工、民用电子设备如电视机、计算机等方面得到广泛的应用,同时在军事通信等方面也得到广泛应用。

2. 集成电路的分类

1) 按功能结构分类

按其功能、结构的不同,集成电路可以分为模拟集成电路、数字集成电路和数/模混合集成电路三大类。

模拟集成电路又称线性电路,用来产生、放大和处理各种模拟信号(指幅度随时间变化的信号,例如半导体收音机的音频信号、录放机的磁带信号等),其输入信号和输出信号成比例关系。而数字集成电路用来产生、放大和处理各种数字信号(指在时间上和幅度上离散取值的信号,例如 3G 手机、数码相机、电脑 CPU、数字电视的逻辑控制和重放的音频信号和视频信号)。

2) 按制作工艺分类

集成电路按制作工艺可分为半导体集成电路和膜集成电路。

膜集成电路又分为厚膜集成电路和薄膜集成电路。

3) 按集成度分类

集成电路按集成度高低的不同可分为:

(1) SSI:小规模集成电路(Small Scale Integrated Circuits)。

(2) MSI:中规模集成电路(Medium Scale Integrated Circuits)。

(3) LSI:大规模集成电路(Large Scale Integrated Circuits)。

(4) VLSI:超大规模集成电路(Very Large Scale Integrated Circuits)。

(5) ULSI:特大规模集成电路(Ultra Large Scale Integrated Circuits)。

(6) GSI:巨大规模集成电路也被称做极大规模集成电路或超特大规模集成电路(Giga Scale Integration)。

4) 按导电类型分类

集成电路按导电类型可分为双极型集成电路和单极型集成电路，它们都是数字集成电路。

双极型集成电路的制作工艺复杂，功耗较大，代表集成电路有 TTL、ECL、HTL、LST-TL、STTL 等类型。单极型集成电路的制作工艺简单，功耗也较低，易于制成大规模集成电路，代表集成电路有 CMOS、NMOS、PMOS 等类型。

5) 按用途分类

集成电路按用途可分为电视机用集成电路、音响用集成电路、影碟机用集成电路、录像机用集成电路、电脑(微机)用集成电路、电子琴用集成电路、通信用集成电路、照相机用集成电路、遥控集成电路、语言集成电路、报警器用集成电路及各种专用集成电路。

(1) 电视机用集成电路包括行、场扫描集成电路、中放集成电路、伴音集成电路、彩色解码集成电路、AV/TV 转换集成电路、开关电源集成电路、遥控集成电路、丽音解码集成电路、画中画处理集成电路、微处理器(CPU)集成电路、存储器集成电路等。

(2) 音响用集成电路包括 AM/FM 高中频集成电路、立体声解码集成电路、音频前置放大集成电路、音频运算放大集成电路、音频功率放大集成电路、环绕声处理集成电路、电平驱动集成电路、电子音量控制集成电路、延时混响集成电路、电子开关集成电路等。

(3) 影碟机用集成电路有系统控制集成电路、视频编码集成电路、MPEG 解码集成电路、音频信号处理集成电路、音响效果集成电路、RF 信号处理集成电路、数字信号处理集成电路、伺服集成电路、电动机驱动集成电路等。

(4) 录像机用集成电路有系统控制集成电路、伺服集成电路、驱动集成电路、音频处理集成电路、视频处理集成电路。

6) 按应用领域分类

集成电路按应用领域可分为标准通用集成电路和专用集成电路。

7) 按外形分类

集成电路按外形可分为圆形(金属外壳晶体管封装型，一般适合用于大功率)、扁平型(稳定性好，体积小)和双列直插型。

3. 型号命名

我国集成电路的命名由五部分组成：第 0 部分、第一部分、第二部分、第三部分、第四部分。

各部分的含义如下：

第 0 部分：用字母表示符合国家标准，C 表示中国产品。

第一部分：用字母表示器件类型。

第二部分：用数字表示器件的系列代号。

第三部分：用字母表示器件的工作温度。

第四部分：用字母表示器件的封装。

国标 GB/T 3430—1989 半导体集成电路命名方法规定集成电路型号各部分的符号及意义如表 2.5 所示。

表 2.5　集成电路型号各部分的意义

第 0 部分		第一部分		第二部分	第三部分		第四部分	
符号	意义	符号	意义	意义	符号	意义	符号	意义
C	C 表示中国制造	T	TTL 电路	用数字表示器件的系列代号	C	0～70℃	F	多层陶瓷扁平
H		HTL 电路	G			-25℃～70℃	B	塑料扁平
E		ECL 电路	L			-24℃～85℃	H	黑瓷扁平
C		CMOS 电路	E			-40℃～85℃	D	多层陶瓷双列直插
M		存储器	R			-55℃～85℃	J	黑瓷双列直插
&micro;		微型机电路	M			-55℃～125℃	P	塑料双列直插
F		线性放大器	S			塑料单列直插		
W		稳定器	K			金属菱形		
B		非线性电路	T			金属圆形		
J		接口电路	C			陶瓷芯片载体		
AD		A/D 转换器	E			塑料芯片载体		
DA		D/A 转换器	G			网络针栅陈列		
D		音响、电视电路						
SC		通信专用电路						
SS		敏感电路						
SW		钟表电路						

例如：　肖特基 4 输入与非门 CT54S20MD

C—符合国家标准

T—TTL 电路

54S20—肖特基双 4 输入与非门

M— - 55～125℃

D—多层陶瓷双列直插封装

4. 集成电路的代换

1) 直接代换

直接代换是指用其他 IC 不经任何改动而直接取代原来的 IC，代换后不影响机器的主要性能与指标。

其代换原则是：代换 IC 的功能、性能指标、封装形式、引脚用途、引脚序号和间隔等几方面均相同。其中 IC 的功能相同不仅指功能相同，还应注意逻辑极性相同，即输出输入电平极性、电压、电流幅度必须相同。例如：图像中放 IC，TA7607 与 TA7611，前者为反向高放 AGC，后者为正向高放 AGC，故不能直接代换。除此之外还有输出不同极性 AFT 电压，输出不同极性的同步脉冲等 IC 都不能直接代换，即使是同一 270_f8 公司或厂家的产品，都应注意区分。性能指标是指 IC 的主要电参数(或主要特性曲线)、最大耗散功率、最高工作电压、频率范围及各信号输入、输出阻抗等参数要与原 IC 相近，功率小的代用件要加大散热片。

(1) 同一型号 IC 的代换。

同一型号 IC 的代换一般是可靠的，安装集成电路时，要注意方向不要搞错，否则通电时集成电路很可能被烧毁。有的单列直插式功放 IC，虽型号、功能、特性相同，但引脚排列顺序的方向是有所不同的。例如，双声道功放 IC LA4507，其引脚有"正"、"反"之分，其起始脚标注(色点或凹坑)方向不同；没有后缀与后缀为"R"的 IC 等，例如 M5115P 与 M5115RP。

(2) 不同型号 IC 的代换。

① 型号前缀字母相同、数字不同 IC 的代换。这种代换只要相互间的引脚功能完全相同，其内部电路和电参数稍有差异，也可相互直接代换。如：伴音中放 IC LA1363 和 LA1365，后者比前者在 IC 第⑤脚内部增加了一个稳压二极管，其他完全一样。

② 型号前缀字母不同、数字相同 IC 的代换。一般情况下，前缀字母是表示生产厂家及电路的类别，前缀字母后面的数字相同，大多数可以直接代换。但也有少数，虽数字相同，但功能却完全不同。例如，HA1364 是伴音 IC，而 μPC1364 是色解码 IC；NJM4558 是 8 脚的运算放大器，CD4558 是 14 脚的数字电路；故二者不能完全代换。

③ 型号前缀字母和数字都不同 IC 的代换。有的厂家引进未封装的 IC 芯片，然后加工成按本厂命名的产品。还有如为了提高某些参数指标而改进产品。这些产品常用不同型号进行命名或用型号后缀加以区别。例如，AN380 与 μPC1380 可以直接代换；AN5620、TEA5620、DG5620 等可以直接代换。

2) 非直接代换

非直接代换是指不能进行直接代换的 IC 稍加修改外围电路，改变原引脚的排列或增减个别元件等，使之成为可代换的 IC 的方法。

代换原则：代换所用的 IC 可与原来的 IC 引脚功能不同、外形不同，但功能要相同，特性要相近，代换后不应影响原机性能。

(1) 不同封装 IC 的代换。

相同类型的 IC 芯片，但封装外形不同，代换时只要将新器件的引脚按原器件引脚的形状和排列进行整形。例如，AFT 电路 CA3064 和 CA3064E，前者为圆形封装，辐射状引脚；后者为双列直插塑料封装，两者内部特性完全一样，按引脚功能进行连接即可。双列IC AN7114、AN7115 与 LA4100、LA4102 封装形式基本相同，引脚和散热片正好都相差 180°。前面提到的 AN5620 带散热片双列直插 16 脚封装、TEA5620 双列直插 18 脚封装，9、10脚位于集成电路的右边，相当于 AN5620 的散热片，二者其他脚排列一样，将 9、10 脚连起来接地即可使用。

(2) 电路功能相同但个别引脚功能不同 IC 的代换。

代换时可根据各个型号 IC 的具体参数及说明进行。如电视机中的 AGC、视频信号输出有正、负极性的区别，只要在输出端加接倒相器后即可代换。

(3) 类型相同但引脚功能不同 IC 的代换。

这种代换需要改变外围电路及引脚排列，因而需要一定的理论知识、完整的资料和丰富的实践经验与技巧。

(4) 有些空脚不应擅自接地。

内部等效电路和应用电路中有的引出脚没有标明，遇到空的引出脚时，不应擅自接地，这些引出脚为更替或备用脚，有时也作为内部连接。

(5) 用分立元件代换 IC。

有时可用分立元件代换 IC 中被损坏的部分，使其恢复功能。代换前应了解该 IC 的内部功能原理、每个引出脚的正常电压、波形图及与外围元件组成电路的工作原理。

同时还应考虑信号能否从 IC 中取出接至外围电路的输入端：经外围电路处理后的信号，能否连接到集成电路内部的下一级去进行再处理(连接时的信号匹配应不影响其主要参数和性能)。如中放 IC 损坏，从典型应用电路和内部电路看，由伴音中放、鉴频以及音频放大集成，可用信号注入法找出损坏部分，若是音频放大部分损坏，则可用分立元件代替。

3) 组合代换

组合代换就是把同一型号的多块 IC 内部未受损的电路部分，重新组合成一块完整的IC，用以代替功能不良的 IC 的方法。对买不到原配 IC 的情况下是十分适用的。但要求所利用 IC 内部完好的电路一定要有接口引出脚。

注：非直接代换关键是要查清楚互相代换的两种 IC 的基本电参数、内部等效电路、各引脚的功能、IC 与外部元件之间连接关系的资料。实际操作时予以注意：

(1) 集成电路引脚的编号顺序，切勿接错。

(2) 为适应代换后的 IC 的特点，与其相连的外围电路的元件要作相应的改变。

(3) 电源电压要与代换后的 IC 相符，如果原电路中电源电压高，应设法降压；电压低，要看代换 IC 能否工作。

(4) 代换以后要测量 IC 的静态工作电流，如电流远大于正常值，则说明电路可能产生自激，这时须进行去耦、调整。若增益与原来有所差别，可调整反馈电阻阻值。

(5) 代换后 IC 的输入、输出阻抗要与原电路相匹配，检查其驱动能力。

(6) 在改动时要充分利用原电路板上的脚孔和引线，外接引线要求整齐，避免前后交叉，以便检查和防止电路自激，特别是防止高频自激。

(7) 在通电前电源 U_{CC} 回路里最好再串接一直流电流表，降压电阻阻值由大到小观察集成电路总电流的变化是否正常。

5. 检测常识

(1) 检测前要了解集成电路及其相关电路的工作原理。

检查和修理集成电路前首先要熟悉所用集成电路的功能、内部电路、主要电气参数、各引脚的作用，以及引脚的正常电压、波形、与外围元件组成电路的工作原理。如果具备以上条件，那么分析和检查会容易许多。

(2) 测试不要造成引脚间短路。

电压测量或用示波器探头测试波形时，表笔或探头不要由于滑动而造成集成电路引脚间短路，最好在与引脚直接连通的外围印刷电路上进行测量。任何瞬间的短路都容易损坏集成电路，在测试扁平型封装的 CMOS 集成电路时更要加倍小心。

(3) 严禁在无隔离变压器的情况下，用已接地的测试设备去接触底板带电的电视、音响、录像等设备。

严禁用外壳已接地的仪器设备直接测试无电源隔离变压器的电视、音响、录像等设备。虽然一般的收录机都具有电源变压器，但是当接触到较特殊的尤其是输出功率较大或对采用的电源性质不太了解的电视或音响设备时，首先要弄清该机底盘是否带电，否则极易与底板带电的电视、音响等设备造成电源短路，波及集成电路，造成故障的进一步扩大。

(4) 要注意电烙铁的绝缘性能。

不允许带电使用烙铁焊接，要确认烙铁不带电，最好把烙铁的外壳接地，对 MOS 电路更应小心，能采用 6～8 V 的低压，电烙铁就更安全。

(5) 要保证焊接质量。

焊接时确定焊牢，焊锡的堆积、气孔容易造成虚焊。焊接时间一般不超过 3 s，烙铁的功率应用内热式 25 W 左右。已焊接好的集成电路要仔细查看，最好用欧姆表测量各引脚间是否短路，确认无焊锡粘连现象再接通电源。

(6) 不要轻易断定集成电路的损坏。

不要轻易地判断集成电路已损坏。因为集成电路绝大多数为直接耦合，一旦某一电路不正常，可能会导致多处电压变化，而这些变化不一定是集成电路损坏引起的。另外在有些情况下测得各引脚电压与正常值相符或接近时，也不一定能说明集成电路就是好的，因为有些软故障不会引起直流电压的变化。

(7) 测试仪表内阻要大。

测量集成电路引脚直流电压时，应选用表头内阻大于 20 kΩ/V 的万用表，否则对某些引脚电压会有较大的测量误差。

(8) 要注意功率集成电路的散热。

功率集成电路应散热良好，不允许不带散热器而处于大功率的状态下工作。

(9) 引线要合理。

如需要加接外围元件代替集成电路内部已损坏部分，应选用小型元器件，且接线要合理以免造成不必要的寄生耦合，尤其是要处理好音频功放集成电路和前置放大电路之间的接地端。

十、其他常用元器件

1. 电声器件

电声器件是指电和声相互转换的器件，它是利用电磁感应、静电感应或压电效应等来完成电声转换的，包括扬声器、耳机、传声器、唱头等。常见的电声器件如图2.48所示。

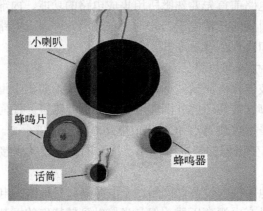

图2.48　电声器件

1) 型号命名方法

型号命名的组成项目和排列次序如下：

(1) 扬声器：主称-分类-辐射形式-形状-功率-序号。

(2) 传声器：主称-分类-等级-序号。

(3) 送、受话器：主称-分类-序号-阻抗。

(4) 话筒、耳机：主称-序号-阻抗。

(5) 组合件：主称-序号-组合形式。

主称中名称与代表符号的对应关系：扬声器—Y、扬声器组—YZ、传声器—C、传声器组—CZ、送话器—O、受话器—S、话筒—H、耳机—E、耳机话筒组—EH。

分类中名称与代表符号的对应关系：电磁式—C、电动/动圈式—D、压电式—Y、静电/电容式—R、碳粒式—T、铝带式—A、接触式—J、压差式—C、压强式—不表示。

辐射形式、形状、用途中名称与代表符号的对应关系：号筒式—H、椭圆式—T、圆形—不表示、耳塞式—S、飞机用通话帽—F、坦克用通话帽—T、舰艇用通话帽—J、一般工作用通话帽—G。

2) 扬声器分类

扬声器是把音频电流转换成声音的电声器件，如图2.49所示。扬声器俗称喇叭，种类很多。

按能量方式分类：电动(动圈)扬声器、电磁扬声器、静电(电容)扬声器、压电(晶体)扬声器、放电(离子)扬声器。

按辐射方式分类：纸盆(直接辐射式)扬声器、号筒(间接辐射式)扬声器。

图2.49　扬声器

按振膜形式分类：纸盆扬声器、球顶形扬声器、带式扬声器、平板驱动式扬声器。

按组成方式分类：单纸盆扬声器、组合纸盆扬声器、组合号筒扬声器、同轴复合扬声器。

按用途分类：高保真(家庭用)扬声器、监听扬声器、扩音用扬声器、乐器用扬声器、接收机用小型扬声器、水中用扬声器。

按外形分类：圆形扬声器、椭圆形扬声器、圆筒形扬声器、矩形扬声器。

3) 扬声器的主要特性参数

(1) 标称功率。

标称功率又称额定功率或不失真功率，它是非线性失真不超过标准规范条件(一般不超过 7%～10%)下的最大输入功率。扬声器在这一正常功率下长期工作不应损坏。

(2) 标称阻抗。

制造厂产品标准所规定的阻抗值，在该阻抗上扬声器可获得最大功率。

(3) 共振频率。

扬声器的输入阻抗是随频率而变化的，扬声器在低频的某一频率处，输入阻抗值最大，这一频率称为共振频率 f_0。共振频率与扬声器的振动系统有关，振动系统质量越大，纸盆折环、定心支片愈柔软，其共振频率就愈低。

(4) 灵敏度。

当输入扬声器的功率为 1 W 时，在轴线上一米处测出的平均声压。

(5) 指向性。

扬声器在不同方向上声辐射本领是不同的，表示这种性能的指标叫辐射指向性，指向性与频率有关，扬声器的辐射指向性随频率升高而增强，一般在 250～300 Hz 以下，没有明显的指向性。

2. 继电器

1) 继电器的工作原理和特性

继电器是一种电子控制器件，它具有控制系统(又称输入回路)和被控制系统(又称输出回路)，通常应用于自动控制电路中。它实际上是用较小的电流去控制较大电流的一种"自动开关"，如图 2.50 所示，在电路中起着自动调节、安全保护、转换电路等作用。

图 2.50 继电器

(1) 电磁继电器的工作原理和特性。

电磁式继电器一般由铁芯、线圈、衔铁、触点簧片等组成。只要在线圈两端加上一定的电压，线圈中就会流过一定的电流，从而产生电磁效应，衔铁就会在电磁力吸引的作用下克服弹簧的拉力吸向铁芯，从而带动衔铁的动触点与静触点(常开触点)吸合。当线圈断电后，电磁的吸力也随之消失，衔铁就会在弹簧的反作用力下返回原来的位置，使动触点与原来的静触点(常闭触点)释放。这样吸合、释放，从而达到在电路中的导通、切断的目的。对于继电器的"常开、常闭"触点，可以这样来区分：继电器线圈未通电时处于断开状态的静触点称为"常开触点"，处于接通状态的静触点称为"常闭触点"。

(2) 热敏干簧继电器的工作原理和特性。

热敏干簧继电器是一种利用热敏磁性材料检测和控制温度的新型热敏开关。它由感温磁环、恒磁环、干簧管、导热安装片、塑料衬底及其他一些附件组成。热敏干簧继电器不用线圈励磁，而由恒磁环产生的磁力驱动开关动作。恒磁环能否向干簧管提供磁力是由感温磁环的温控特性决定的。

(3) 固态继电器(SSR)的工作原理和特性。

固态继电器是一种两个接线端为输入端，另两个接线端为输出端的四端器件，中间采用隔离器件实现输入输出的电隔离。固态继电器按负载电源类型可分为交流型和直流型。按开关形式可分为常开型和常闭型。按隔离形式可分为混合型、变压器隔离型和光电隔离型，以光电隔离型为最多。

2) 继电器的主要产品技术参数

(1) 额定工作电压。额定工作电压是指继电器正常工作时线圈所需要的电压。根据继电器的型号不同，可以是交流电压，也可以是直流电压。

(2) 直流电阻。直流电阻是指继电器中线圈的直流电阻，可以通过万用表测量。

(3) 吸合电流。吸合电流是指继电器能够产生吸合动作的最小电流。在正常使用时，给定的电流必须略大于吸合电流，这样继电器才能稳定地工作。而对于线圈所加的工作电压，一般不要超过额定工作电压的 1.5 倍，否则会产生较大的电流而把线圈烧毁。

(4) 释放电流。释放电流是指继电器产生释放动作的最大电流。当继电器吸合状态的电流减小到一定程度时，继电器就会恢复到未通电的释放状态，这时的电流远远小于吸合电流。

(5) 触点切换电压和电流。触点切换电压和电流是指继电器允许加载的电压和电流。它决定了继电器能控制电压和电流的大小，使用时不能超过此值，否则很容易损坏继电器的触点。

3) 继电器的测试

(1) 测触点电阻。

用万用表的电阻挡测量常闭触点与动点电阻，其阻值应为 0；而常开触点与动点的阻值应为无穷大。由此可以区别出哪个是常闭触点，哪个是常开触点。

(2) 测线圈电阻。

可用万用表 $R \times 10 \ \Omega$ 挡测量继电器线圈的阻值，从而判断该线圈是否存在着开路现象。

(3) 测量吸合电压和吸合电流。

通过可调稳压电源和电流表，给继电器输入一组电压，且在供电回路中串入电流表进行监测。慢慢调高电源电压，听到继电器吸合声时，记下该吸合电压和吸合电流。为求准确，可以测量多次而求平均值。

(4) 测量释放电压和释放电流。

释放电压和释放电流的连接与测试和吸合电压/电流的相同，当继电器发生吸合后，再逐渐降低供电电压，当听到继电器再次发生释放声音时，记下此时的电压和电流，亦可测量多次而取得平均释放电压和释放电流。一般情况下，继电器的释放电压约是吸合电压的10%～50%，如果释放电压太小(小于 1/10 的吸合电压)，则不能正常使用，这样会对电路的稳定性造成威胁，工作不可靠。

4) 继电器的电符号和触点形式

继电器线圈在电路中用一个长方框符号表示，如果继电器有两个线圈，就画两个并列的长方框，同时在长方框内或长方框旁标上继电器的文字符号"J"。继电器的触点有两种表示方法：一种是把它们直接画在长方框一侧，这种表示法较为直观。另一种是按照电路连接的需要，把各个触点分别画到各自的控制电路中，通常在同一继电器的触点与线圈旁分别标注上相同的文字符号，并将触点组编上号码，以示区别。继电器的触点有三种基本形式：

(1) 动合型(H 型)。线圈不通电时两触点是断开的，通电后，两个触点就闭合。以"合"字的拼音字头"H"表示。

(2) 动断型(D 型)。线圈不通电时两触点是闭合的，通电后两个触点就断开。用"断"字的拼音字头"D"表示。

(3) 转换型(Z 型)，这是触点组型。这种触点组共有三个触点，即中间是动触点，上下各一个静触点。线圈不通电时，动触点和其中一个静触点断开同另一个闭合，线圈通电后，动触点就移动，使原来断开的形成闭合，原来闭合的形成断开状态，达到转换的目的。这样的触点组称为转换触点。用"转"字的拼音字头"Z"表示。

5) 继电器的选用

(1) 先了解必要的条件，包括：

① 控制电路的电源电压，能提供的最大电流。

② 被控制电路中的电压和电流。

③ 被控电路需要几组、什么形式的触点。

选用继电器时，一般控制电路的电源电压可作为选用的依据。控制电路应能够给继电器提供足够的工作电流，否则继电器吸合是不稳定的。

(2) 查阅有关资料确定使用条件后，可查找相关资料，找出需要的继电器的型号和规格。若手头已有继电器，可依据资料核对是否可以利用，最后考虑尺寸是否合适。

(3) 注意器具的容积。若是用于一般用电器，除考虑机箱容积外，小型继电器主要考虑电路板安装布局。对于小型电器，如玩具、遥控装置则应选用超小型继电器产品。

3. 压力传感器

压力传感器可分为电容式压力传感器、霍耳式压力传感器、压阻式压力传感器、压电式压力传感器等。

1) 电容式压力传感器

利用电容敏感元件将被测压力转换成与之成一定函数关系的电量输出的压力传感器。它一般采用圆形金属薄膜或镀金属薄膜作为电容器的一个电极，当薄膜感受压力而变形时，薄膜与固定电极之间形成的电容量也发生变化，通过测量电路即可输出与电压成一定关系的电信号。电容式压力传感器属于极距变化型电容式传感器，可分为单电容式压力传感器和差动电容式压力传感器。电容式压力传感器如图 2.51 所示。

(1) 单电容式压力传感器。它由圆形薄膜与固定电极构成。薄膜在压力的作用下变形，从而改变电容器的容量，其灵敏度大致与薄膜的面积和压力成正比，而与薄膜的张力和薄膜到固定电极的距离成反比。另一种形式的固定电极取凹形球面状，膜片为周边固定的张紧平面，膜片可用塑料镀金属层的方法制成(见图 2.51(a))。这种形式适于测量低压，并有较高过载能力。此外，还可以采用带活塞动极膜片制成测量高压的单电容式压力传感器。这种形式可减小膜片的直接受压面积，以便采用较薄的膜片提高灵敏度。它还与各种补偿和保护部件以及放大电路整体封装在一起，以便提高抗干扰能力。这种传感器适于测量动态高压和对飞行器进行遥测。单电容式压力传感器还有传声器式(即话筒式)和听诊器式等形式。

(2) 差动电容式压力传感器。它的受压膜片电极位于两个固定电极之间，构成两个电容器(见图 2.51(b))。在压力的作用下，一个电容器的容量增大，而另一个则相应减小，测量结果由差动式电路输出。它的固定电极是在凹曲的玻璃表面上镀金属层而制成，过载时膜片受到凹面的保护而不致破裂。差动电容式压力传感器比单电容式压力传感器灵敏度高、线性度好，但加工较困难(特别是难以保证对称性)，而且不能实现对被测气体或液体的隔离，因此不宜于工作在有腐蚀性或杂质的流体中。

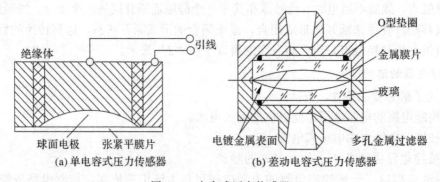

(a) 单电容式压力传感器　　　　(b) 差动电容式压力传感器

图 2.51　电容式压力传感器

2) 霍耳式压力传感器

基于霍耳效应的压力传感器。它将霍耳元件固定于弹性敏感元件上，在压力的作用下霍耳元件随弹性敏感元件的变形而在磁场中产生位移，从而输出与压力成一定关系的电信号。保持霍耳元件的激励电流不变，而使它在一个均匀梯度的磁场中移动时，它输出的霍耳电势大小就取决于它在磁场中的位移量。磁场梯度越大，灵敏度就越高；梯度变化越均匀，霍耳电势与位移的关系就越接近于线性。霍耳元件结构简单、形小体轻、无触点、频带宽、动态特性好、寿命长，而且已经商品化。霍耳元件用于压力传感器，按照弹性敏感元件的不同有多种结构形式。图 2.52(a)、(b)中的压力传感器分别采用膜盒和波登管作为弹性敏感元件，并由两块半环形五类磁铁产生梯度均匀的磁场。

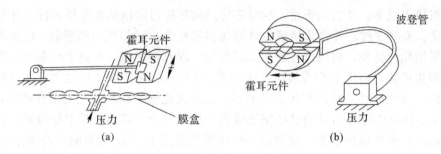

图 2.52　霍耳式压力传感器

3) 压阻式压力传感器

利用单晶硅材料的压阻效应和集成电路技术制成的传感器。单晶硅材料在受到力的作用后，电阻率发生变化，通过测量电路就可得到正比于力变化的电信号输出。压阻式传感器用于压力、拉力、压力差和可以转变为力的变化的其他物理量(如液位、加速度、重量、应变、流量、真空度)的测量和控制。

(1) 压阻效应：当力作用于硅晶体时，晶体的晶格产生变形,使载流子从一个能谷向另一个能谷散射，引起载流子的迁移率发生变化，扰动了载流子纵向和横向的平均量，从而使硅的电阻率发生变化。这种变化随晶体的取向不同而异，因此硅的压阻效应与晶体的取向有关。硅的压阻效应不同于金属应变计，前者电阻随压力的变化主要取决于电阻率的变化，后者电阻的变化则主要取决于几何尺寸的变化(应变),而且前者的灵敏度比后者大 50～100 倍。

(2) 压阻式压力传感器的结构：这种传感器采用集成工艺将电阻条集成在单晶硅膜片上,制成硅压阻芯片，并将此芯片的周边固定封装于外壳之内，引出电极引线。压阻式压力传感器又称为固态压力传感器，它不同于粘贴式应变计需通过弹性敏感元件间接感受外力，而是直接通过硅膜片感受被测压力的。图 2.53 中硅膜片的一面是与被测压力连通的高压腔，另一面是与大气连通的低压腔。硅膜片一般设计成周边固支的圆形，直径与厚度比约为20～60。在圆形硅膜片(N 型)定域扩散，制作 4 条 P 杂质电阻条，并接成全桥，其中两条位于压应力区，另两条处于拉应力区，相对于膜片中心对称。此外，也有采用方形硅膜片和硅柱形敏感元件的。硅柱形敏感元件也是在硅柱面某一晶面的一定方向上扩散，制作电阻条，两条受拉应力的电阻条与另两条受压应力的电阻条构成全桥。

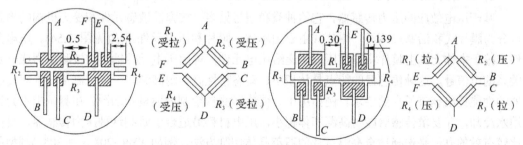

图 2.53　压阻式传感器

(3) 发展状况：1954 年 C.S.史密斯详细研究了硅的压阻效应，从此开始用硅制造压力传感器。早期的硅压力传感器是半导体应变计式的，后来在 N 型硅片上定域扩散 P

型杂质形成电阻条，并接成电桥，制成芯片，此芯片仍需粘贴在弹性元件上才能敏感压力的变化。采用这种芯片作为敏感元件的传感器称为扩散型压力传感器。这两种传感器都同样采用粘片结构，因而存在滞后和蠕变大、固有频率低、不适于动态测量以及难于小型化和集成化、精度不高等缺点。20 世纪 70 年代以来制成了周边固定支撑的电阻和硅膜片的一体化硅杯式扩散型压力传感器，它不仅克服了粘片结构的固有缺陷，而且能将电阻条、补偿电路和信号调整电路集成在一块硅片上，甚至将微型处理器与传感器集成在一起，制成智能传感器。这种新型传感器的优点是：① 频率响应高(例如有的产品固有频率达 1.5 MHz 以上)，适于动态测量；② 体积小(例如有的产品外径可达 0.25 mm)，适于微型化；③ 精度高，可达 0.01%～0.1%；④ 灵敏度高，比金属应变计高出很多倍，有些应用场合可不加放大器；⑤ 无活动部件，可靠性高，能工作于振动、冲击、腐蚀、强干扰等恶劣环境。其缺点是温度影响较大(有时需进行温度补偿)、工艺较复杂和造价高等。

(4) 应用：压阻式传感器广泛应用于航天、航空、航海、石油化工、动力机械、生物医学工程、气象、地质、地震测量等各个领域。在航天和航空工业中压力是一个关键参数，对静态和动态压力，局部压力和整个压力场的测量都要求很高的精度。压阻式传感器是用于这方面的较理想的传感器。例如，用于测量直升机机翼的气流压力分布，测试发动机进气口的动态畸变、叶栅的脉动压力和机翼的抖动等。在飞机喷气发动机中心压力的测量中，使用专门设计的硅压力传感器,其工作温度达 500℃以上。在波音客机的大气数据测量系统中采用了精度高达 0.05%的配套硅压力传感器。在尺寸缩小的风洞模型试验中，压阻式传感器能密集安装在风洞进口处和发动机进气管道模型中。单个传感器直径仅 2.36 mm，固有频率高达 300 kHz，非线性和滞后均为全量程的±0.22%。在生物医学方面，压阻式传感器也是理想的检测工具，已制成扩散硅膜薄到 10 μm，外径仅 0.5 mm的注射针型压阻式压力传感器和能测量心血管、颅内、尿道、子宫和眼球内压力的传感器。压阻式传感器还有效地应用于爆炸压力和冲击波的测量、真空测量、监测和控制汽车发动机的性能以及诸如测量枪炮膛内压力、发射冲击波等兵器方面的测量。此外，在油井压力测量、随钻测向和测位地下密封电缆故障点的检测以及流量和液位测量等方面都广泛应用压阻式传感器。随着微电子技术和计算机的进一步发展，压阻式传感器的应用还将迅速发展。

4) 压电式压力传感器

基于压电效应的压力传感器，它的种类和型号繁多，按弹性敏感元件和受力机构的形式可分为膜片式和活塞式两类。膜片式主要由本体、膜片和压电元件组成(见图 2.54)。压电元件支撑于本体上，由膜片将被测压力传递给压电元件，再由压电元件输出与被测压力成一定关系的电信号。这种传感器的特点是体积小、动态特性好、耐高温等。现代测量技术对传感器的性能提出越来越高的要求。例如用压力传感器测量绘制内燃机示功图，在测量中不允许用水冷却，并要求传感器能耐高温和体积小，压电材料最适合于研制这种压力传感器。目前比较有效的办法是选择适合高温条件的石英晶体切割方法，例如 $XY\delta$(+20°～+30°)割型的石英晶体可耐 350 ℃的高温，而 $LiNbO_3$ 单晶的居里点高达 1210 ℃，是制造高温传感器的理想压电材料。

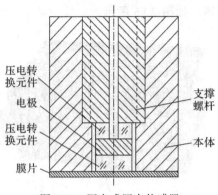

图 2.54　压电式压力传感器

压电转换元件
电极
压电转换元件
膜片
支撑螺杆
本体

4. 角度传感器

角度传感器是用来检测角度的传感器，目前国民经济乃至军事领域，各种角度传感器被广泛地应用。

1) 倾斜角传感器

(1) 数字式倾斜角传感器，如图 2.55 所示。

用途：用于空间和恶劣环境的精确角度测量，见表 2.6。

图 2.55　数字式倾斜角传感器

表 2.6　数字式倾斜角传感器应用领域

应用领域	具体用途
铁道系统	列车制造、控制自动化提高、检测铁轨水平度等
水利系统	大坝监测等
工业自动化	冶金、化工、石油勘探、轻工、煤炭、仪表等
汽车行业	防盗报警装置、四轮定位、路面控制等
机械行业	机械工作台、车床及切削工作台的水平情况和位置
建筑行业	建筑工程设备的俯仰角、滚动角和倾斜角等
其他	生物、医学、机器人等需要测量角度与控制角度的领域，军事自动化

原理：它是利用重力对流体的作用引起膜电位变化的原理制成的新型无触点式惯性传感器。

特点：具有高灵敏度、宽动态范围、耐恶劣环境、性能稳定、寿命长、结构简单等特点。接口灵活，可选数字接口与计算机连接，准确度等级为 0.1。

(2) 模拟式倾斜角传感器，如图 2.56 所示。

图 2.56 模拟式倾斜角传感器

用途：用于测量水平角度或竖直偏差，调整路面平整机的倾斜，地球物理学的倾斜与强运动的研究，土建中坝基的倾斜度核实，以及对倾斜度要求高精度测量的地方。

原理：对于重力加速度矢量的法向分量作出响应。

特点：属于固体摆类，如电位器式、电容式、电感式等，液体摆类如电介液式、磁性流体式等，以及气体摆类。这些传感器均为模拟信号输出，量程范围小、线形失真大、分辨率低、抗震动性能差、后续处理复杂，用于对倾角要求不是很精密的测量，但是制造比较容易，价格较低。

2) 角位移传感器

角位移传感器是一种将机械角度的变化转化成其他物理量的变化，并给出相应电信号输出的测量装置，如图 2.57 所示。

图 2.57 角位移传感器

用途：主要用于飞机、导弹、人造卫星、气球和其他多种飞行体，用于船舶、汽车、吊车、雷达天线以及工业机器人、自动化设备等一切机械运动的姿态控制和稳定控制。

原理：用微动同步器、振荡器、放大器、解调器和滤波器组成。将微动同步器和其信号处理电路结合为一体，使之成为具有直流输入与直流输出的微动同步器式角位移传感器。它将被测物的机械转角转换成标准电压输出，可直接输入微机或二次仪表。

3) 角速度传感器

角速度传感器是能够测量转动体的转角变化的传感器，如图 2.58 所示。

用途：测量轴角速度，用于车辆、船舶、飞机姿态变角，机首方位角，也可用于车辆、飞机稳定控制和自动操纵的输入信号的传感电路。

原理：传感器内部用两块具有压电效应的晶体(基准晶体和敏感检测晶体)，采用悬臂梁振动技术。不用机械零件组成传感器，输出信号为模拟电压，其值与测量轴产生的角速度成正比。

图 2.58　角速度传感器

十一、半导体器件的命名方法

1. 国产半导体分立器件的命名

国产半导体器件的命名由五部分组成。

第一部分用数字表示半导体器件的电极数目，其中 2 表示二极管，3 表示三极管；第二部分用字母表示半导体材料和极性；第三部分用字母表示半导体类别；第四部分用数字表示序号；第五部分用字母表示区别代号。

一些特殊半导体器件只有第三、四、五部分，而没有第一、二部分。半导体器第一、二、三部分的字母意义见表 2.7 所列。

表 2.7　国产半导体分立器件的命名

第一部分		第二部分		第三部分			
符号	意义	字母	意义	字母	意义	字母	意义
2	二极管	A	N 型，锗材料	P	普通管	X	低频小功率 $f_a < 3\,\mathrm{MHz}$, $P_c < 1\,\mathrm{W}$
3	三极管	B	P 型，锗材料	W	稳压管		
		C	N 型，硅材料	Z	整流管	G	高频小功率 $f_a > 3\,\mathrm{MHz}$, $P_c < 1\,\mathrm{W}$
		D	P 型，硅材料	L	整流堆		
		A	PNP 型，锗材料	N	阻尼管	D	低频大功率 $f_a < 3\,\mathrm{MHz}$, $P_c > 1\,\mathrm{W}$
		B	NPN 型，锗材料	K	开关管		
		C	PNP 型，锗材料	F	隧道管	A	高频大功率 $f_a > 3\,\mathrm{MHz}$, $P_c > 1\,\mathrm{W}$
		D	NPN 型，硅材料	S	光电管		
		E	化合物材料	U	光电管	T	可控硅
						CS	场效应管
						BT	特殊器件

2. 部分国外半导体分立器件命名

表2.8 日本半导体器件的命名

第一部分		第二部分		第三部分		第四部分		第五部分	
序号	意义	序号	意义	序号	意义	序号	意义	序号	意义
0	光电二极管或三极管	S	已在日本电子工业协会注册登记的半导体器件	A	PNP 高频晶体管	多位数数字	该器件在日本电子工业协会的注册登记号	ABCD	该器件为原型号产品改进产品
				B	PNP 低频晶体管				
1	二极管			C	NPN 高频晶体管				
				D	NPN 低频晶体管				
2	三极管或有三个电极的其他器件			E	P 控制极可控硅				
				G	N 控制极单结晶管				
				H	N 基极单结晶管				
				J	P 沟道场效应管				
3	四个电极的器件			K	N 沟道场效应管				
				M	双向晶闸管				

表2.9 美国半导体器件的命名

第一部分		第二部分		第三部分		第四部分		第五部分	
用符号表示器件类别		用数字表示PN结数目		美国电子工业协会注册标志		美国电子工业协会登记号		用字母表示器件分挡	
符号	意义	符号	意义	符号	意义	符号	意义	符号	意义
JAN 或 J	军用品	1	二极管	N	该器件是在美国电子工业协会注册登记的半导体器件	多位数数字	该器件在美国电子协会的登记号	ABCD	同一型号器件的不同挡别
		2	三极管						
无	非军用品	3	三个PN结器件						
		n	N 个PN结器件						

第三部分　电子测量仪器仪表的使用

一、概述

电子测量仪器仪表按工作原理和用途大体可分为万用表、示波器、信号发生器、晶体管特性图示仪、兆欧表、红外测试仪、集成电路测试仪、LCR 参数测试仪、频谱分析仪等，主要应用于环保、电力通信、食品、医药、化工、科学研究实验、学校教学、农业、汽车等行业。

1. 多用电表

模拟式电压表、模拟多用表(即指针式万用表(VOM))、数字电压表、数字多用表(即数字万用表(DMM))都属多用电表，这些是经常使用的仪表。它们可以用来测量交流/直流电压、交流/直流电流、电阻阻值、电容器容量、电感量、音频电平、频率、NPN 或 PNP 晶体管电流放大倍数等。

2. 示波器

示波器是一种测量电压波形的电子仪器，它可以把被测电压信号随时间变化的规律用图形显示出来。使用示波器不仅可以直观而形象地观察被测物理量的变化全貌，而且可以通过它显示的波形测量电压和电流，进行频率和相位的比较，以及描绘特性曲线等。

3. 信号发生器

信号发生器(包括函数发生器)为检修、调试电子设备和仪器时提供信号源。它是一种能够产生一定波形、频率和幅度的振荡器，例如产生正弦波、方波、三角波、斜波和矩形脉冲波等。

4. 晶体管特性图示仪

晶体管特性图示仪是一种专用示波器，它能直接观察各种晶体管特性曲线及曲性簇，例如晶体管共射、共基和共集三种接法的输入、输出特性及反馈特性，二极管的正向、反向特性，稳压管的稳压或齐纳特性等。它还可以测量晶体管的击穿电压、饱和电流、β 或 a 参数等。

5. 兆欧表

兆欧表(俗称摇表)是一种检查电气设备、测量高电阻的简便直读式仪表，通常用来测量电路、电机绕组、电缆等绝缘电阻。兆欧表大多采用手摇发电机供电，故称摇表。由于它的刻度是以兆欧(MΩ)为单位，故称兆欧表。

6. 红外测温仪

红外测温仪是一种非接触式测温仪器，它包括光学系统、电子线路，在将信息进行调制、线性化处理后达到指示、显示及控制的目的。目前已应用的红外测温仪有光子测温和热测温两种，主要用于电热炉、农作物、铁路钢轨、深埋地下的超高压电缆接头、消防、气体分析、激光接收等温度测量及控制场合。

7. 集成电路测试仪

该类仪器可对 TTL、PMOS、CMOS 数字集成电路的功能和参数进行测试,还可判断抹去字的芯片型号,并对集成电路进行在线功能测试、在线状态测试。

8. LCR 参数测试仪

LCR 参数测试仪是电感、电容、电阻参数测量仪,不仅能自动判断元件性质,将符号图形显示出来,而且能显示出其值,还能测量 Q、D、Z、L_p、L_s、C_p、C_s、K_p、K_s等参数,且显示出等效电路图形。

9. 频谱分析仪

频谱分析仪在频域信号分析、测试、研究、维修中有着广泛的应用。它能同时测量信号的幅度及频率,测试比较多路信号及分析信号的组成,还可测试手机逻辑和射频电路的信号,例如逻辑电路的控制信号、基带信号,射频电路的本振信号、中频信号、发射信号等。

除以上常用的电子测量仪器外,还有时间测量仪、电桥、相位计、动态分析器、光学测量仪、应变仪、流量仪等。

下面介绍几种常用的电子测量仪器仪表及其使用方法。

二、万用电表的使用

万用电表简称万用表,是一种多功能、多量程、便于携带的电子仪表。它可以用来测量直流电流、电压,交流电流、电压,电阻,音频电平和晶体管直流放大倍数等物理量。万用表由表头、测量线路、转换开关以及测试表笔等组成。

1. 分类

万用表可以分为模拟式和数字式两种。

模拟式万用表由磁电式测量机构作为核心,用指针来显示被测量数值。

数字式万用表由数字电压表作为核心,配以不同的转换器,用液晶显示器显示被测量数值。

2. 基本原理

万用表的基本原理是利用一只灵敏的磁电式直流电流表(微安表)做表头,如图 3.1 所示。当微小电流通过表头时,就会有电流指示。但表头不能通过大电流,所以必须在表头上并联与串联一些电阻进行分流或降压,从而测出电路中的电流、电压和电阻。下面分别介绍。

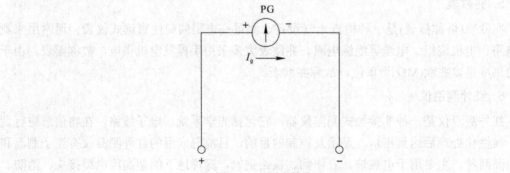

图 3.1　万用表的表头

1) 测直流电流原理

测直流电流原理图如图 3.2 所示。在表头上并联一个适当的电阻(叫分流电阻)进行分流，就可以扩展电流量程。改变分流电阻的阻值，就能改变电流测量范围。

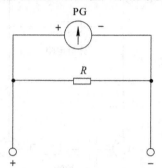

图 3.2　测直流电流原理图

2) 测直流电压原理

测直流电压原理图如图 3.3 所示。在表头上串联一个适当的电阻(叫倍增电阻)进行降压，就可以扩展电压量程。改变倍增电阻的阻值，就能改变电压的测量范围。

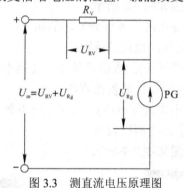

图 3.3　测直流电压原理图

3) 测交流电压原理

测交流电压原理图如图 3.4 所示。因为表头是直流表，所以测量交流时，需加装一个并、串式半波整流电路，将交流进行整流变成直流后再通过表头，这样就可以根据直流电压的大小来测量交流电压。扩展交流电压量程的方法与扩展直流电压量程的方法相似。

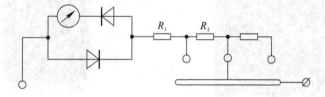

图 3.4　测交流电压原理图

4) 测电阻原理

测电阻原理图如图 3.5 所示。在表头上并联和串联适当的电阻，同时串联一节电池，使电流通过被测电阻，根据电流的大小，就可测量出电阻值。改变分流电阻的阻值，就能改变电阻的量程。

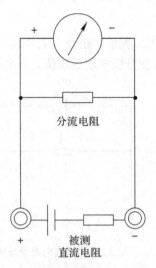

图 3.5   测电阻原理图

3. 面板结构

模拟式万用表的面板结构图如图 3.6 所示。

该仪器的外部面板由五部分组成，各部分的功能如下：

(1) 刻度尺：显示各种被测量的数值及范围。

(2) 量程选择开关(功能选择开关)：根据具体情况转换不同的量程、不同的物理量。

(3) 机械调零旋钮：用于校准指针的机械零位。

(4) 欧姆挡零位调节旋钮(电阻调零旋钮)：用来进行欧姆挡零位调节。

(5) 插孔或者接线柱：用来外接测试表笔。

数字式万用表的面板结构图如图 3.7 所示。

图 3.6   模拟式万用表的面板

图 3.7   数字式万用表的面板

4. 使用

万用表通过转换开关的旋钮来改变测量项目和测量量程。机械调零旋钮用来保持指针在静止状态时处在左零位，电阻调零旋钮用来在测量电阻时使指针对准右零位，以保证测量数值准确。

1) 万用表的测量范围

(1) 直流电压：分6挡，分别为0～6 V，0～30 V，0～150 V，0～300 V，0～600 V，0～30 kV。

(2) 交流电压：分6挡，分别为0～6 V，0～30 V，0～150 V，0～300 V，0～600 V，0～30 kV。

(3) 直流电流：分6挡，分别为0～2.5 mA，0～25 mA，0～250 mA，0～1 A，0～5 A，0～30 A。

(4) 交流电流：分6挡，分别为0～2.5 mA，0～25 mA，0～250 mA，0～1 A，0～5 A，0～30 A。

(5) 电阻：分5挡，分别为 $R×1$，$R×10$，$R×100$，$R×1$ k，$R×10$ k。

2) 测量电阻

先将表笔搭在一起短路，使指针向右偏转，随即调整"Ω"调零旋钮，使指针恰好指到0。然后将两根表笔分别接触被测电阻(或电路)两端，读出指针在欧姆刻度线(第一条线)上的读数，再乘以该挡标的数字，就是所测电阻的阻值。例如用 $R×100$ 挡测量电阻，指针指在80，则所测得的电阻阻值为 $80×100\ \Omega=8$ kΩ。由于"Ω"刻度线左部读数较密，难于看准，所以测量时应选择适当的欧姆挡，使指针在刻度线的中部或右部，这样读数比较清楚准确。每次换挡都应重新将两根表笔短接，重新调整指针到零位，才能测准。

3) 测量直流电压

首先估计一下被测电压的大小，然后将转换开关拨至适当的 V 量程，将正表笔接被测电压"+"端，负表笔接被测量电压"–"端。然后根据该挡量程数字与标直流符号"DC-"刻度线(第二条线)上的指针所指数字，来读出被测电压的大小。如用 V300 伏挡测量，可以直接读0～300的指示数值。如用 V30 伏挡测量，只需将刻度线上300这个数字去掉一个"0"，看成是"30"，再依次把"200"、"100"等数字看成是"20"、"10"，即可直接读出指针指示数值。例如用 V6 伏挡测量直流电压，指针指在15，则所测得电压为1.5 V。

4) 测量直流电流

先估计一下被测电流的大小，然后将转换开关拨至合适的 mA 量程，再把万用表串接在电路中。同时观察标有直流符号"DC"的刻度线，如电流量程选在 3 mA 挡，则应把表面刻度线上300的数字去掉两个"0"，看成"3"，又依次把"200"、"100"看成是"2"、"1"，这样就可以读出被测电流数值。例如用直流 3 mA 挡测量直流电流，指针指在100，则电流为1 mA。

5) 测量交流电压

测量交流电压的方法与测量直流电压的方法相似，所不同的是因交流电没有正、负之分，所以测量交流时，表笔也就不需分正、负。读数方法与上述的测量直流电压的读法一样，只是数字应看标有交流符号"AC"的刻度线上的指针位置。

5. 万用表的型号

万用表的型号有很多，如 MF47 系列(A、B、C、D、E、F、T)、MF500、MF5-1、MF50、MF18、MF10、MF14、MF35、MF79 等。

MF35 精度最佳，其次是 MF14，最差的是 MF47。原因是虽然 MF47 万用表结构简单，使用方便,但电路保护没有 MF35 的好,没有电感错挡保护。MF10 和 MF47 一样没有错挡保护,但是使用方便,备受初学者青睐。MF35 虽然体积庞大,但是精度高、挡位多、误差小,交流电压和电流测量误差级数为 1.5,直流电压和电流测量误差级数为 1.0。建议需要测量交流电流的可以选择用 MF35、MF14、MF5-1、MF12、MF18、MF79,不需要测量交流电流的可以选择用 MF500、MF50、MF47、MF10。具有错挡保护的 MF47T 万用表仅适合电压挡和电阻挡错位自恢复保护,不适用电流挡错挡保护。47 系列 C 型万用表适合测量高阻值,B 型能够辨别火零线,A、D 和 E 型带蜂鸣短路测量,B、C、F 和 T 型均有遥控测试和蜂鸣短路测量。注意,初学者或新手选择万用表时不要贪图方便而选择数字万用表,必须选择指针式机械万用表,因为考电工证时,实操要求掌握指针式机械万用表的用法,如果考完电工证的电工可以选择使用数字万用表。

注意:MF35 可以测量 30 kV 的高压电,需要打到电压挡 1000 V 才是 30 kV 的测量挡位;电流挡测量时,需要打到 5 A 电流挡才是 30 A 的测量挡位。

MF18 不能测量 2500 V 的高压电,可以测量 600 V 的低压电气设备,测量时先打第一挡选交流或者直流,再选电压伏数。

MF10 不能测量 2500 V 的高压电,可以测量 1000 V 的高压电气设备,测量时要打到 1000 V 的电压挡位再测量。

MF5-1 不能测量 10 kV 的高压电,可以测量 6 kV 的高压电气设备,测量时要打到交流挡或者直流挡,再选电压伏数。

MF14 和 MF12 可以测量 30 kV 的高压电,但不能测×10 k 倍以上的电阻阻值,测量时打到 1000 V 最大量程,即可测量 30 kV 的电气设备。

MF79 可以测量 1000 V 的高压电气设备,需要先调整交流或者直流挡位,再选电压的伏数,测量交流电流也一样。

MF500 须先调好测量标志挡位,然后再调测量量程,测量被测物体读数。MF500、MF18 和 MF35 都是比较笨重的。

MF50 和 MF47 基本一样,选择到合适的量程,然后进行测量即可,测量前要看挡位是否与测量量程一致。

6. 注意事项

万用表是比较精密的仪器,如果使用不当,会造成测量不准确且极易损坏。但是,只要我们正确掌握万用表的使用方法和注意事项,谨慎从事,那么万用表就能经久耐用。使用万用表时应注意如下事项:

(1) 测量电流与电压不能旋错挡位。如果误用电阻挡或电流挡去测电压,就极易烧坏电表。万用表不用时,最好将挡位旋至交流电压最高挡,避免因使用不当而损坏。

(2) 测量直流电压和直流电流时,注意"+"、"−"极性,不要接错。如发现指针开始反转,应立即调换表笔,以免损坏指针及表头。

(3) 如果不知道被测电压或电流的大小,应先用最高挡,而后再选用合适的挡位来测试,以免表针偏转过度而损坏表头。所选用的挡位愈靠近被测值,测量的数值就愈准确。

(4) 测量电阻时,不要用手触及元件的引线两端(或两支表笔的金属部分),以免人体电阻与被测电阻并联，使测量结果不准确。

(5) 测量电阻时，如将两支表笔短接，调节电阻调零旋钮至最大，指针仍然达不到"0"点，这种现象通常是由于表内电池电压不足造成的，应换上新电池方能准确测量。

(6) 万用表不用时，不要旋在电阻挡，因为内有电池，如不小心易使两根表笔相碰短路，不仅耗费电池，严重时甚至会损坏表头。

三、示波器的使用

1. 概述

示波器是一种用途十分广泛的电子测量仪器。它能把肉眼看不见的电信号变换成看得见的图像，便于人们研究各种电现象的变化过程。示波器将狭窄的、由高速电子组成的电子束，打在涂有荧光物质的屏面上，就可产生细小的光点。在被测信号的作用下，电子束就好像一支笔的笔尖，可以在屏面上描绘出被测信号的瞬时值的变化曲线。利用示波器能观察各种不同信号幅度随时间变化的波形曲线，还可以用它测试各种不同的电学物理量，如电压、电流、频率、相位差、调幅度等。示波器外形如图 3.8 所示。

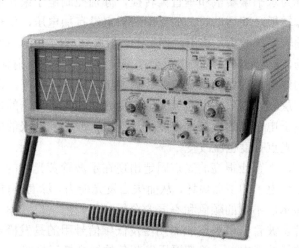

图 3.8　示波器

示波器可以分为模拟示波器和数字示波器。对于大多数的电子应用，无论模拟示波器还是数字示波器，都是可以胜任的，只是对于一些特定的应用，由于模拟示波器和数字示波器所具备的不同特性，才会出现适合和不适合的地方。

模拟示波器的工作方式是直接测量信号电压，并且通过从左到右穿过示波器屏幕的电子束在垂直方向描绘电压。

数字示波器的工作方式是通过模拟转换器(ADC)把被测电压转换为数字信息。数字示波器捕获的是波形的一系列样值，并对样值进行存储，存储限度是判断累计的样值是否能描绘出波形，随后数字示波器重构波形。

1) 组成

示波器主要由示波管(显示电路)、垂直放大电路、水平放大电路、扫描和同步电路、电源供给电路等部分组成，如图 3.9 所示。

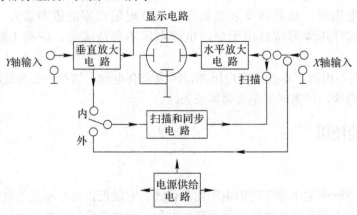

图 3.9　示波器结构

（1）示波管。示波管是一种特殊的电子管，是示波器的一个重要组成部分。示波管由电子枪、偏转系统和荧光屏 3 个部分组成。电子枪用于产生并形成高速、聚束的电子流，去轰击荧光屏使之发光。示波管的偏转系统大都是静电偏转式，它由两对相互垂直的平行金属板组成，分别称为水平偏转板和垂直偏转板，分别控制电子束在水平方向和垂直方向的运动。当电子在偏转板之间运动时，如果偏转板上没有加电压，偏转板之间无电场，离开第二阳极后进入偏转系统的电子将沿轴向运动，射向屏幕的中心。如果偏转板上有电压，偏转板之间则有电场，进入偏转系统的电子会在偏转电场的作用下射向荧光屏的指定位置。荧光屏位于示波管的终端，它的作用是将偏转后的电子束显示出来，以便观察。在示波器的荧光屏内壁涂有一层发光物质，因而荧光屏上受到高速电子冲击的地点就显现出荧光。此时光点的亮度取决于电子束的数目、密度及其速度。改变控制极的电压，电子束中电子的数目将随之改变，光点亮度也就改变。

在使用示波器时，不宜让很亮的光点固定出现在示波管荧光屏的一个位置上，否则该点荧光物质将因长期受电子冲击而烧坏，从而失去发光能力。涂有不同荧光物质的荧光屏，在受电子冲击时将显示出不同的颜色和不同的余辉时间。通常供观察一般信号波形用的是发绿光的，属中余辉示波管；供观察非周期性及低频信号用的是发橙黄色光的，属长余辉示波管；供照相用的示波器中，一般都采用发蓝色的短余辉示波管。

（2）垂直(Y轴)放大电路。由于示波管的偏转灵敏度甚低，例如常用的 13SJ38J 型示波管，其垂直偏转灵敏度为 0.86 mm/V(约 12 V 电压产生 1 cm 的偏转量)，所以一般的被测信号电压都要先经过垂直放大电路的放大，再加到示波管的垂直偏转板上，以得到垂直方向适当大小的图形。

（3）水平(X轴)放大电路。由于示波管水平方向的偏转灵敏度也很低，所以接入示波管水平偏转板的电压(锯齿波电压或其他电压)也要先经过水平放大电路的放大以后，再加到示波管的水平偏转板上，以得到水平方向适当大小的图形。

（4）扫描电路产生一个锯齿波电压。该锯齿波电压的频率能在一定的范围内连续可调。锯齿波电压的作用是使示波管阴极发出的电子束在荧光屏上形成周期性的、与时间成正比的水平位移，即形成时间基线。这样，才能把加在垂直方向的被测信号按时间的变化波形展现在荧光屏上。

2) 波形显示的基本原理

由示波管的原理可知，一个直流电压加到一对偏转板上时，将使光点在荧光屏上产生一个固定位移，该位移的大小与所加直流电压成正比。如果分别将两个直流电压同时加到垂直和水平两对偏转板上，则荧光屏上的光点位置就由两个方向的位移所共同决定。

如果将被测信号电压加到垂直偏转板上，锯齿波扫描电压加到水平偏转板上，而且被测信号电压的频率等于锯齿波扫描电压的频率，则荧光屏上将显示出一个周期的被测信号电压随时间变化的波形曲线。

由上述可见，为使荧光屏上的图形稳定，被测信号电压的频率应与锯齿波电压的频率保持整数比的关系，即同步关系。为了实现这一点，就要求锯齿波电压的频率连续可调，以便适应观察各种不同频率的周期信号。其次，由于被测信号频率和锯齿波振荡信号频率的相对不稳定性，即使把锯齿波电压的频率临时调到与被测信号频率成整倍数关系，也不能使图形一直保持稳定。因此，示波器中都设有同步装置，也就是在锯齿波电路的某部分加上一个同步信号来促使扫描的同步。对于只能产生连续扫描(即产生周而复始连续不断的锯齿波)一种状态的简易示波器(如国产 SB-10 型示波器等)而言，需要在其扫描电路上输入一个与被观察信号频率相关的同步信号，当所加同步信号的频率接近锯齿波频率的自主振荡频率(或接近其整数倍)时，就可以把锯齿波频率"拖入同步"或"锁住"。对于具有等待扫描(即平时不产生锯齿波，当被测信号来到时才产生一个锯齿波进行一次扫描)功能的示波器(如国产 ST-16 型示波器、SBT-5 型同步示波器、SR-8 型双踪示波器等)而言，需要在其扫描电路上输入一个与被测信号相关的触发信号，使扫描过程与被测信号密切配合。这样，只要按照需要来选择适当的同步信号或触发信号，便可使任何欲研究的过程与锯齿波扫描频率保持同步。

2. 用途

(1) 用来观察电路中各种信号波形、信号相位，检查分析电路是否正常工作。

(2) 用来测量交流信号的电压幅值 $U_{\text{p-p}}$、周期 T、频率 f。

3. 使用方法

打开电源开关，适当调节垂直和水平位移旋钮，将光点或亮线移至荧光屏的中心位置。观测波形时，将被观测信号通过专用电缆线与 $Y1$(或 $Y2$)输入插口接通，将触发方式开关置于"自动"位置，触发源选择开关置于"内"，改变示波器扫速开关及 Y 轴灵敏度开关，在荧光屏上显示出一个或数个稳定的信号波形。

1) 荧光屏

荧光屏是示波管的显示部分，屏上水平方向和垂直方向各有多条刻度线，指示出信号波形的电压和时间之间的关系。将被测信号在屏幕上占的格数乘以适当的比例常数(V / DIV，TIME / DIV)，能得出电压值与时间值。

2) 示波管和电源系统

(1) 电源(Power)开关：示波器主电源开关。当此开关按下时，电源指示灯亮，表示电源接通。

(2) 辉度(Intensity)旋钮：旋转此旋钮能改变光点和扫描线的亮度。观察低频信号时可小些，高频信号时大些。一般不应太亮，以保护荧光屏。

(3) 聚焦(Focus)旋钮：调节电子束的截面大小，将扫描线聚焦成最清晰状态。

(4) 标尺亮度(Illuminance)旋钮：调节荧光屏后面的照明灯亮度。正常室内光线下，照明灯暗一些好。室内光线不足的环境中，可适当调亮照明灯。

3) 垂直偏转因数和水平偏转因数

(1) 垂直偏转因数的选择(VOLTS/DIV)和微调。

在单位输入信号作用下，光点在屏幕上偏移的距离称为偏移灵敏度，这一定义对 X 轴和 Y 轴都适用。灵敏度的倒数称为偏转因数。垂直灵敏度的单位是 cm/V、cm/mV 或者 DIV/mV、DIV/V，垂直偏转因数的单位是 V/cm、mV/cm 或者 mV/DIV、V/DIV。

双踪示波器中每个通道各有一个垂直偏转因数选择波段开关。每个波段开关上往往还有一个小旋钮。将它沿顺时针方向旋到底，处于"校准"位置，此时垂直偏转因数值与波段开关所指示的值一致。逆时针旋转此旋钮，能够微调垂直偏转因数。垂直偏转因数微调后，会造成与波段开关的指示值不一致，这点应引起注意。许多示波器具有垂直扩展功能，当微调旋钮被拉出时，垂直灵敏度扩大若干倍(偏转因数缩小若干倍)。

(2) 时基选择(TIME/DIV)和微调。

时基选择和微调的使用方法与垂直偏转因数选择和微调的方法类似。时基选择也通过一个波段开关实现，按1、2、5方式把时基分为若干挡。波段开关的指示值代表光点在水平方向移动一个格的时间值。例如在 1 μs/DIV 挡，光点在屏上移动一格代表时间值 1 μs。

"微调"旋钮用于时基校准和微调。沿顺时针方向旋到底处于校准位置时，屏幕上显示的时基值与波段开关所示的标称值一致。逆时针旋转旋钮，则对时基微调。TDS 实验台上有 10 MHz、1 MHz、500 kHz、100 kHz 的时钟信号，由石英晶体振荡器和分频器产生，准确度很高，可用来校准示波器的时基。示波器的标准信号源 CAL，专门用于校准示波器的时基和垂直偏转因数。示波器前面板上的位移(Position)旋钮调节信号波形在荧光屏上的位置。

4) 输入通道和输入耦合选择

(1) 输入通道选择。输入通道至少有三种选择方式：通道 1(CH1)、通道 2(CH2)、双通道(DUAL)。

① CH1：通道 1 单独显示；

② CH2：通道 2 单独显示；

③ ALT：两通道交替显示；

④ CHOP：两通道断续显示，用于扫描速度较慢时的双踪显示；

⑤ ADD：两通道的信号叠加。

维修中以选择通道 1 或通道 2 为多。

(2) 输入耦合方式。输入耦合方式一般有三种：交流(AC)、地(GND)、直流(DC)。

5) 触发

(1) 触发源(Source)选择。要使屏幕上显示稳定的波形，需将被测信号本身或者与被测信号有一定时间关系的触发信号加到触发电路。触发源选择确定触发信号由何处供给。通常有三种触发源：内触发(INT)、电源触发(LINE)、外触发(EXT)。

(2) 触发耦合(Coupling)方式选择。触发信号到触发电路的耦合方式有多种，目的是为了触发信号的稳定、可靠。常用的触发耦合方式有 AC 耦合(又称电容耦合)、直流(DC)耦合(不隔断触发信号的直流分量)等。

(3) 触发电平(Level)和触发极性(Slope)。触发电平调节又叫同步调节，它使得扫描与被测信号同步。电平调节旋钮调节触发信号的触发电平。一旦触发信号超过由旋钮设定的触发电平，扫描即被触发。顺时针旋转旋钮，触发电平上升；逆时针旋转旋钮，触发电平下降。

(4) 示波器通常有四种触发方式：

① 常态(NORM)：无信号时，屏幕上无显示；有信号时，与电平控制配合显示稳定波形。

② 自动(AUTO)：无信号时，屏幕上显示光迹；有信号时，与电平控制配合显示稳定波形。

③ 电视场(TV)：用于显示电视场信号。

④ 峰值自动(P-P AUTO)：无信号时，屏幕上显示光迹；有信号时，无需调节电平即能获得稳定波形显示。该方式只在部分示波器(例如 CALTEK(卡尔泰克)CA8000 系列示波器)中采用。

6) 扫描方式(Sweep Mode)

扫描有自动(Auto)、常态(Norm)和单次(Single)三种扫描方式。

4. 示波器的测量方法

利用示波器对信号的幅度和频率进行测量的方法(以测试示波器的校准信号为例)如下：

(1) 将示波器探头插入通道 1 插孔，并将探头上的衰减置于"1"挡；

(2) 将通道选择置于 CH1，耦合方式置于 DC 挡；

(3) 将探头探针插入校准信号源小孔内，此时示波器屏幕出现光迹；

(4) 调节垂直旋钮和水平旋钮，使屏幕显示的波形图稳定，并将垂直微调和水平微调置于校准位置；

(5) 读出波形图在垂直方向所占格数，乘以垂直衰减旋钮的指示数值，得到校准信号的幅度；

(6) 读出波形每个周期在水平方向所占格数，乘以水平扫描旋钮的指示数值，得到校准信号的周期(周期的倒数为频率)；

(7) 一般校准信号的频率为 1 kHz，幅度为 0.5 V，用以校准示波器内部扫描振荡器的频率，如果不正常，应调节示波器(内部)相应电位器，直至相符为止。

上面扼要介绍了示波器的使用方法，主要是基本功能及操作。示波器还有一些更复杂的功能，如延迟扫描、触发延迟、X-Y 工作方式等，这里就不介绍了。示波器的入门操作也是容易的，真正熟练则要在应用中掌握。

四、函数信号发生器的使用

1. 概述

函数信号发生器是一种可以提供精密信号源的仪器，也就是俗称的波形发生器，其最基本的功能就是产生正弦波、方波、锯齿波、脉冲波、三角波等具有特定周期性(或者频率)的时间函数波形。函数信号发生器所产生信号的频率跟它本身的性能有关，一般情况下，可以产生从几毫赫兹甚至几微赫兹到几十兆赫兹频率的波形信号。

函数信号发生器主要由信号产生电路、信号放大电路等组成。输出信号电压幅度可由输出幅度调节旋钮进行调节，输出信号频率可通过频段选择及调频旋钮进行调节。函数信号发生器外形如图 3.10 所示。

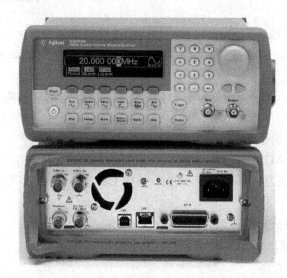

图 3.10　函数信号发生器

2. 用途

函数信号发生器为电路提供可调频率和可调电压幅值的信号。

3. 使用方法

首先打开电源开关，通过"波形选择"开关选择所需信号波形；通过"频段选择"开关找到所需信号频率所在的频段，配合"调频"旋钮，找到所需信号频率；通过"调幅"旋钮得到所需信号幅度。

1) 面板及操作说明

函数信号发生器的面板上包括电源开关 POWER、频率显示屏、频率倍乘电位器、频率计输入衰减选择开关、频率计输入选择 EXT/INT、频率计输入端、TTL/CMOS 输出端、模拟信号输出端、占空比调节/反相输出选择 DUTY/INVERT、输出信号偏置调节、TTL/CMOS 选择及 CMOS 电平调节、模拟输出信号幅度调节 AMPLITUDE/输出衰减 ATTENUAT10N、模拟输出波形选择开关 FUNT10N、频段选择开关等。

2) 性能参数

虽然每种函数信号发生器都有区别，但是其性能参数都包括输出频率、输出阻抗、可输出信号波形、信号幅度及类型、扫描方式、调制方式、输出信号方式、稳定度、信号范围、显示方式等。

3) 使用方法

(1) 将函数信号发生器接入交流 220 V，50 Hz 电源，按下电源开关，指示灯亮。

(2) 按下所需波形的选择功能开关。

(3) 在需要输出脉冲波时，拉出占空比调节开关旋钮，调节占空比可获得稳定清晰波形。此时频率为原来的 1/10，正弦和三角波状态时按下占空比开关旋钮。

(4) 当需要小信号输出时，按下衰减器。

(5) 调节幅度旋钮至需要的输出幅度。

(6) 当需要直流电平时拉出直流偏移调节旋钮，调节直流电平偏移至需要设置的电平值，其他状态时按入直流偏移调节旋钮，直流电平将为零。

4) 注意事项

(1) 仪器需预热 10 分钟后方可使用。

(2) 把仪器接入电源之前，应检查电源电压值和频率是否符合仪器要求。

(3) 不得将大于 10 V(DC 或 AC)的电压加至输出端。

五、交流毫伏表的使用

交流毫伏表是一种用于测量正弦电压有效值的电子仪器一般万用表的交流电压挡只能测量 1 V 以上的交流电压，而且测量交流电压的频率一般不超过 1 kHz。而毫伏表测量的最小量程是 1 mV，测量电压的频率可以由 50 Hz 到 100 kHz，是测量音频放大电路必备的仪表之一。毫伏表主要由分压器、交流放大器、检波器等部分组成，其电压测量范围为 1 mV～300 V，分 10 个量程。交流毫伏表外形如图 3.11 所示。

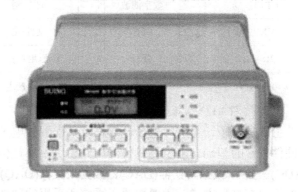

图 3.11　交流毫伏表

1. 用途

交流毫伏表用于测量电路中正弦波信号的有效值。

2. 使用方法

将"测量范围"开关放到最大量程挡(300 V)后接通电源；将输入端短路，使"测量范围"开关置于最小挡(10 mV)，调节"零点校准"使电表指示为 0；去掉短路线，接入被测信号电压，根据被测电压的数值选择适当的量程，若事先不知被测电压的范围，应先将量程放到最大挡，再根据读数逐步减小量程，直到量程合适为止；用完后，应将"测量范围"开关放到最大量程挡，然后关掉电源。

3. 注意事项

(1) 接短路线时，应先接地线后再接另一根线，取下短路线时，应先取另一根线再取地线。

(2) 测量时，仪器的地线应与被测电路的地线接在一起。

六、虚拟仪器的使用

虚拟仪器(VI)实际上就是一种基于计算机的自动化测试仪器系统，是随着计算机技术、现代测量技术发展起来的新型高科技产品，是计算机技术与电子仪器相结合而产生的一种新的仪器模式。它由个人计算机、模块化的功能硬件和用于数据分析、过程通信及图形用户界面的应用软件有机结合构成，使计算机成为一个具有各种测量功能的数字化测量平台。它利用软件在屏幕上生成各种仪器面板，完成对数据的采集、处理、传送、存储、显示和打印等功能，形成既有普通仪器的基本功能，又有一般仪器所没有的特殊功能的新型仪器。虚拟仪器是现代计算机技术和仪器技术完美结合的产物，是测试仪器经过模拟仪器、智能仪器发展后的第三代仪器。它功能强大，可实现示波器、逻辑分析仪、频谱仪、信号发生器等多种普通仪器的全部功能。

虚拟仪器由硬件和软件两部分组成。与传统仪器一样，虚拟仪器同样划分为数据采集、数据分析处理、显示结果三大功能模块(如图 3.12 所示)。虚拟仪器以透明方式把计算机资源和仪器硬件的测试能力结合起来，实现仪器的功能运作。

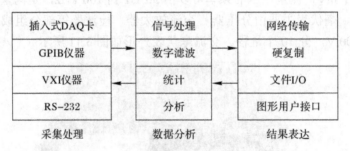

图 3.12　虚拟仪器系统功能模块示意图

虚拟仪器的硬件主体是电子计算机，电子计算机及其配置的电子测量仪器硬件模块组成了虚拟仪器测试硬件平台的基础。电子测量仪器硬件模块由各种传感器、信号调理器、模拟/数字转换器(ADC)、数字/模拟转换器(DAC)、数据采集器(DAQ)等组成。

虚拟仪器系统的构成有多种方式，主要取决于系统所采用的硬件和接口方式，其基本构成如图 3.13 所示。

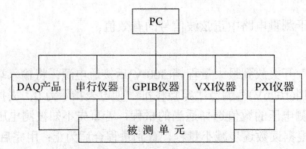

图 3.13　虚拟仪器系统基本构成示意图

按数据采集/激励模块所用仪器硬件的不同，现有的虚拟仪器系统主要可分为 DAQ 产品、串行仪器、GPIB 仪器、VXI 仪器、PXI 仪器等不同的体系结构。虽然各种体系结构的虚拟仪器都能和计算机共享系统资源，如利用计算机的系统内存、DMA 和中断资源进行数据采集，利用计算机的微处理器和系统内存进行数据分析与处理，利用计算机的显示器和图形能力进行人机交互等，但不同体系结构的虚拟仪器与计算机共享系统资源的程度是不同的，其应用场合也各不相同。最简单的是基于 PC 总线的插卡式仪器(DAQ 产品)，也包括带 GPIB 接口和串行接口的仪器，它们是满足一般科学研究与工程领域测试任务要求的虚拟仪器；而 VXI 仪器和 PXI 仪器则是用于高可靠性的关键任务的高端虚拟仪器。

　　DSO500 五合一虚拟仪器是一种基于 PC 总线的虚拟仪器，由 PCS500 分机和 PCG10 分机组成，是通过并口与计算机连接的，其显示、存储和打印波形等功能在计算机上完成，并通过光耦合与计算机完全隔离，确保了操作人员和实验室设备的安全(特别是对仪器操作还不熟悉的学生，此功能尤其重要)，所有在屏幕上显示的波形都能以文档方式保存或进行波形比较。DSO500 虚拟仪器硬件如图 3.14 所示，虚拟信号发生器软件面板如图 3.15 所示，虚拟示波器软件面板如图 3.16 所示。

图 3.14　DSO500 虚拟仪器硬件

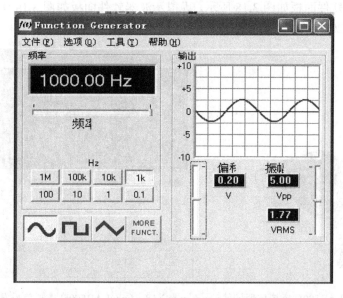

图 3.15　DSO500 虚拟信号发生器软件面板

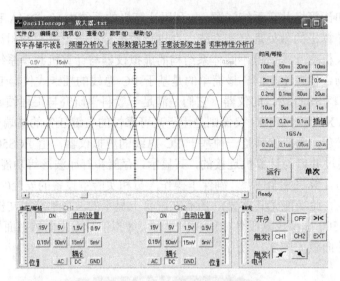

图 3.16　DSO500 虚拟示波器软件面板

　　DSOLAB500U 虚拟综合测试仪也是一种基于 PC 总线的虚拟仪器，它充分利用现有计算机的资源，配以独特设计的软件，可以实现传统的通用台式仪器的全部功能以及一些在传统仪器上无法实现的功能。DSOLAB 虚拟综合测试仪不但功能丰富、测量准确、界面友好、操作简易、体积小，而且便于携带，又几乎不占用用户的工作空间，且耗电省，节约能源。现代仪器利用现代虚拟仪器技术和计算机软件、硬件综合集成技术彻底打破了传统仪器由厂家定义，用户无法改变的模式，给用户完成测量任务提供了方便、快捷的工具。

　　DSOLAB500U 虚拟综合测试仪体积纤小、重量轻，广泛适用于面积狭小的操作环境、野外作业环境、移动式车辆操作环境等工作现场，它的优异性能和友好的虚拟软面板工作界面很适合学校实验室、仪器仪表维修现场。DSOLAB500U 虚拟仪器硬件如图 3.17 所示，虚拟信号发生器软件面板如图 3.18 所示，虚拟示波器软件面板如图 3.19 所示，虚拟电压表软件面板如图 3.20 所示。

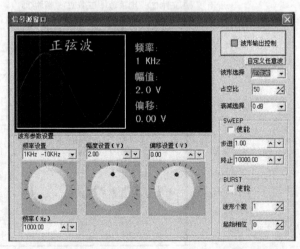

图 3.17　DSOLAB500U 虚拟仪器硬件　　　图 3.18　DSOLAB500U 虚拟信号发生器软件面板

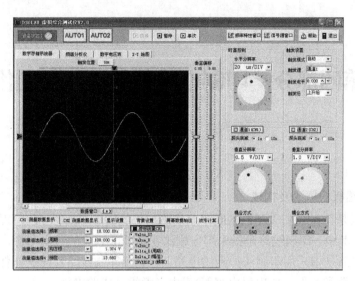

图 3.19　DSOLAB500U 虚拟示波器软件面板

　　使用方法：启动计算机，将 DSOLAB500U 虚拟仪器硬件接入计算机 USB 接口，启动 DSOLAB500U 虚拟仪器软件，即可像使用传统仪器一样使用虚拟仪器了。

第四部分　印制电路板的设计与制作

一、概述

1. 印制电路板的概念及构成

印制电路板是指完成了印制电路或印制线路加工的板子，简称 PCB，它不包括安装在板上的元器件。其中，印制线路是指采用印刷法在基板上制成的导电图形，包括印刷导线、焊盘等；印制电路是指采用印制法得到的电路，它包括印制线路和印刷元件(采用印刷法在基板上制成的电路和元件，如电感电容等)或由二者组合成的电路。

印制电路板由印制电路和基板构成，一般常用的基板是敷铜板，又名覆铜板。敷铜板主要由铜箔、树脂(黏合剂)和增强材料(常用纸质和玻璃布)组成。铜箔的纯度大于 99.8%，厚度为 $18\sim105\ \mu m$(常用厚度为 $35\sim50\ \mu m$)；常用树脂(黏合剂)有酚醛树脂、环氧树脂和聚四氟乙烯等；常用增强材料有纸质和玻璃布等。描述敷铜板机械焊接性能的指标有抗剥强度、抗弯强度、翘曲度、耐焊性等。

2. 印制电路板的分类

1) 按印制电路的分布分类

按印制电路分布的不同，印制电路板分为单面、双面、多层和软性印制板。

单面印制板是指仅一面上有导电图形的印制板，它的导电图形比较简单。

双面印制板是指两面都有导电图形的印制板。由于双面都有导电图形，所以一般采用金属化孔(即孔壁上镀覆金属层的孔)使两面的导电图形连接起来，因而双面印制板的布线密度比单面印制板更高，使用更为方便。

多层板是指由三层或三层以上的导电图形和绝缘材料层压合成的印制板。多层印制板的内层导电图形与绝缘黏结片间叠放置，外层为覆箔板，经压制成为一个整体。其相互绝缘的各层导电图形按设计要求通过金属化孔实现层间的电连接。

软性印制板是以软性材料为基材制成的印制板，也称绕性印制板或柔性印制板。其特点是重量轻、体积小、可折叠、弯曲、卷绕，可利用三维空间做成立体排列，能连续化生产。随着电子设备向小型、轻量化、高密度装配的发展，软性印制板在电子计算机、自动化仪表、通信设备中的应用日益广泛。

2) 按敷铜板的增强材料分类

按敷铜板增强材料的不同，印制电路板分为纸基板、玻璃布基板和合成纤维板。

纸基板价格低廉，但性能较差，可用于低频和要求不高的场合。玻璃布基板和合成纤维板的价格较高，但性能较好，可用于高频和高档电子产品中。当频率高于数百兆赫兹时，则必须用聚四氟乙烯等介电常数和介电损耗更小的材料作基板。

3) 按敷铜板的黏结剂分类

按敷铜板黏结剂的不同，印制电路板分为酚醛树脂、环氧树脂、聚酯和聚四氟乙烯等，如表 4.1 所示。

表 4.1 常用敷铜板的特性

名称	标称厚度/mm	铜箔厚/μm	特点	应用
酚醛纸敷铜板	1.0，1.5，2.0，2.5，3.0，3.2，6.4	50～70	价格低，助燃强度低，易吸水，不耐高温	中低档民用品如收音机、录音机等
环氧纸敷铜板	1.0，1.5，2.0，2.5，3.0，3.2，6.4	35～70	价格高于酚醛纸板，机械强度、耐高温和潮湿性较好	工作环境好的仪器、仪表及中档以上民用电器
环氧玻璃布敷铜板	0.2，0.3，0.5，1.0，1.5，2.0，3.0，5.0，6.4	35～50	价格较高，性能优于环氧酚醛纸板且基板透明	工业、军用设备、计算机等高档电器
聚四氟乙烯敷铜板	0.25，0.3，0.5，1.0，1.5，2.0，3.0，5.0，6.4	35～50	价格高，介电常数低，介质损耗低，耐高温，耐腐蚀	微波、高频、电器、航空航天、导弹、雷达等
聚酰亚胺柔性敷铜板	0.2，0.5，0.8，1.2，1.6，2.0	35	具可绕性，重量轻	民用及工业电器计算机、仪器仪表等

3. 印制电路板的形成

1) 减成法

这是最普遍采用的方式，即先将基板上敷满铜箔，然后用化学或机械方式除去不需要的部分。减成法又可以分为以下两种。

蚀刻法：采用化学腐蚀办法减去不需要的铜箔，这是目前最主要的印制电路板的制造方法。

雕刻法：用机械加工方法除去不需要的铜箔，在单件试制或业余条件下可快速制出印制电路板。

2) 加成法

加成法是另一种制作印制电路板的方法，在绝缘基板上用某种方式敷设所需的印制电路图形。敷设印制电路方法有丝印电镀法、粘贴法等。

二、印制电路板的设计

印制电路的设计是将电路原理图转换成印制板图，并确定技术加工要求的过程。一般说来，印制电路的设计不像电路和原理设计需要严谨的理论和精确的计算，布局排版并没有统一的固定模式。对于同一张电路原理图，每一个设计者都可以按照自己的风格和个性进行设计，结果具有很大的灵活性，但必须满足印制电路板的设计要求，遵循一些基本设计原则和技巧。

1. 印制电路板设计的基本原则

印制电路板的设计也称印制板的排版设计，它是整机工艺设计中的重要一环。其设计质量不仅关系到元件在焊接、装配、调试中是否方便，而且直接影响整机的技术性能。印制电路板的设计通常包括设计准备、印制电路板的版面设计、草图绘制、制板底图绘制以及制板工艺文件的提供等几个过程。由于电路复杂程度不同，产品用途及要求不同，所以设计手段不同，设计过程及方法也不尽相同。例如，对草图绘制这一过程，只在手工设计时才采用，采用 CAD 设计时一般不需要。尽管设计手段、设计过程和方法不尽相同，但设计原则和基本思路都是相同的。下面就按照印制电路板的设计过程来介绍其设计的基本原则。

在印制电路板的设计中，元器件的布局和电路连接的布线是关键的两个环节。

1) 布局

布局是把电路器件放在印制电路板的布线区内。布局是否合理不仅影响后面的布线工作，而且对整个电路板的性能也有重要影响。在保证电路功能和性能指标达标的基础上，要满足工艺性、检测和维修方面的要求，元件应均匀、整齐、紧凑布放在 PCB 上，尽量减少和缩短各元器件之间的引线和连接，以得到均匀的组装密度。

按电路流程安排各个功能电路单元的位置，使布局便于信号流通、输入和输出信号，高电平和低电平部分尽可能不交叉，信号传输路线最短。

2) 功能区分

元器件的位置应按电源电压、数字及模拟电路、速度快慢、电流大小等进行分组，以免相互干扰。

电路板上同时安装数字电路和模拟电路时，两种电路的地线和供电系统完全分开，有条件时将数字电路和模拟电路安排在不同层内。电路板上需要布置快速、中速和低速的逻辑电路时，应安放在紧靠连接器范围内；而低速逻辑和存储器，应安放在远离连接器范围内。这样，有利于减小共阻抗耦合、辐射和交扰的减小。时钟电路和高频电路是主要的骚扰辐射源，一定要单独安排，远离敏感电路。

3) 热磁兼顾

发热元件与热敏元件尽可能远离，要考虑电磁兼容的影响。

2. 印制电路板的设计方法和工艺

1) 层面

贴装元件尽可能在一面，简化组装工艺。

2) 距离

根据元件外形和其他相关性能确定元器件之间距离的最小限制，目前元器件之间的距离一般不小于 0.2～0.3 mm，元器件距印制电路板边缘的距离应大于 2 mm。

3) 方向

元件排列的方向和疏密程度应有利于空气的对流。考虑组装工艺，元件方向尽可能一致。

4) 布线

(1) 导线宽度。印制导线的最小宽度，主要由导线和绝缘基板间的黏附强度和流过它们的电流值决定。印制导线可尽量宽一些，尤其是电源线和地线，在板面允许的条件下尽量宽一些，即使面积紧张的条件下一般不小于 1 mm。特别是地线，即使局部不允许加宽，也应在允许的地方加宽，以降低整个地线系统的电阻。对长度超过 80 mm 的导线，即使工作电流不大，也应加宽以减小导线压降对电路的影响。

(2) 导线长度。要极小化布线的长度，布线越短，干扰和串扰越少，并且它的寄生电抗也越低，辐射更少。特别是场效应管栅极，三极管的基极和高频回路更应注意布线要短。

(3) 导线间距。相邻导线之间的距离应满足电气安全的要求，串扰和电压击穿是影响布线间距的主要电气特性。为了便于操作和生产，导线间距应尽量宽些，选择最小间距至少应该适合所施加的电压。这个电压包括工作电压、附加的波动电压、过电压和因其他原因产生的峰值电压。当电路中有市电电压时，出于安全的需要，导线间距应该更宽些。

(4) 导线路径。信号路径的宽度，从驱动到负载应该是常数。改变路径宽度对路径阻抗(电阻、电感和电容)产生改变，会产生反射和造成线路阻抗不平衡，所以最好保持路径的宽度不变。在布线中，最好避免使用直角和锐角，一般拐角应该大于90°。直角的路径内部的边缘能产生集中的电场，该电场产生耦合到相邻路径的噪声。当两条导线以锐角相遇连接时，应将锐角改成圆形。

5) 孔径和焊盘尺寸

元件安装孔的直径应该与元件的引线直径较好的匹配，使安装孔的直径略大于元件引线直径(0.15～0.3 mm)。通常 DIL 封装的管脚和绝大多数的小型元件使用 0.8 mm 的孔径，焊盘直径大约为 2 mm。对于大孔径焊盘，为了获得较好的附着能力，应控制环氧玻璃板基的焊盘的直径与孔径之比约为 2，而苯酚纸板基应为 2.5～3。

过孔一般被使用在多层 PCB 中，它的最小可用直径与板基的厚度相关，通常板基的厚度与过孔直径比是 6：1。高速信号时，过孔产生(1～4) nH 的电感和(0.3～0.8) pF 的电容的路径。因此，当铺设高速信号通道时，过孔应该被保持到绝对的最小。对于高速的并行线(例如地址和数据线)，如果层的改变是不可避免的，应该确保每根信号线的过孔数一样，并且应尽量减少过孔数量，必要时需设置印制导线保护环或保护线，以防止振荡和改变电路性能。

6) 地线设计

不合理的地线设计会使印制电路板产生干扰，达不到设计指标，甚至无法工作。地线是电路中电位的参考点，又是电流公共通道。地电位理论上是零电位，但实际上由于导线阻抗的存在，地线各处电位不都是零。因为地线只要有一定长度就不是一个处处为零的等电位点，地线不仅是必不可少的电路公共通道，又是产生干扰的一个渠道。

一点接地是消除地线干扰的基本原则。所有电路、设备的地线都必须接到统一的接地点上，以该点作为电路、设备的零电位参考点(面)。一点接地分公用地线串联一点接地和独立地线并联一点接地两种方式。

公用地线串联一点接地方式比较简单，各个电路接地引线比较短，其电阻相对小，这种接地方式常用于设备机柜中的接地。独立地线并联一点接地，只有一个物理点被定义为接地参考点，其他各个需要接地的点都直接接到这一点上，各电路的地电位只与本电路的地电流和基地阻抗有关，不受其他电路的影响。

具体布线时应注意以下几点：

(1) 走线长度尽量短，以便使引线电感极小化。在低频电路中，因为所有电路的地电流流经公共的接地阻抗或接地平面，所以避免采用多点接地。

(2) 公共地线应尽量布置在印制电路板的边缘部分。电路板上应尽可能多保留铜箔做地线，可以增强屏蔽能力。

(3) 双层板可以使用地线面，地线面的目的是提供一个低阻抗的地线。

(4) 多层印制电路板中，可设置接地层，接地层设计成网状。地线网格的间距不能太大，因为地线的一个主要作用是提供信号回流路径，若网格的间距过大，会形成较大的信号环路面积。大环路面积会引起辐射和敏感度问题。另外，信号回流实际走环路面积小的路径，所以其他地线并不起作用。

(5) 地线面能够使辐射的环路最小。

三、印制电路板的制造

1. 印制电路板的制造工艺技术简介

印制电路的制造工艺发展很快，不同类型和不同要求的印制电路板要采用不同的制造工艺，但在这些不同的工艺流程中，有许多必不可少的基本环节是类似的。

1) 底图胶片制版

在印制电路板的生产过程中，获得底图胶片后首先用绘制好的黑白底图照相制版，版面尺寸通过调整相机的焦距准确达到印制电路板的设计尺寸，相版要求反差大，无砂眼。整个制版过程与普通照相大体相同，制作双面板的相版应使正、反面两次照相的焦距保持一致，保证两面图形尺寸的完全吻合。

2) 图形转移

把相版上的印制电路图形转移至覆铜板上，称为图形转移。具体方法有丝网漏印、光化学等，光化学法又分为液体感光法和干膜法两种。目前在图形电镀制造电路板工艺中，大多数厂家都采用光敏干膜法和丝网漏印法制作掩膜图形。

丝网漏印(简称丝印)是一种古老的印制工艺，因操作简单、效率高、成本低，且具有一定的精确度，在印制电路板的制造中仍在广泛使用。适用于批量较大，精度要求不高的单面和双面印制电路板生产，其操作方便，生产效率高，便于实现自动化。

丝印通过手动、半自动丝印机实现，图 4.1 所示是最简单的丝印装置，在丝网(真丝、涤纶丝等)上通过贴感光膜(制膜、曝光、显影、显膜)等感光化学处理，将图形转移到丝网上，再通过刮板将印料漏印到印制板上，蚀刻制版的防蚀材料、阻焊图形、字符标记图表等均可通过丝印方法印制。

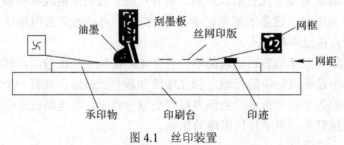

图 4.1　丝印装置

3) 蚀刻

蚀刻在生产线上也俗称烂板。它是利用化学方法去除板上不需要的铜箔，留下组成焊盘、印制导线及符号等的图形。为确保质量，蚀刻过程应刻严格按照操作步骤进行，在这一环节中造成的质量事故将无法挽救。

4) 金属化孔

金属化孔是连接多层或双面板两面导电图形的可靠方法，是印制电路板制造的关键技术之一。图 4.2 是多层板中金属化的连通作用示意图。金属化孔是通过将铜沉积在孔壁上实现的，实际生产中要经过钻孔、去油、粗化、清洗液、孔壁活化、化学沉铜、电镀铜加厚等一系列工艺过程才能完成。金属化孔要求金属层均匀、完整，与铜箔连接可靠，电性能和机械性能均符合标准。在表面安装高密度板中，这种金属化孔采用盲孔法(即沉铜充满整个孔)可以减小过孔所占面积，提高密度。

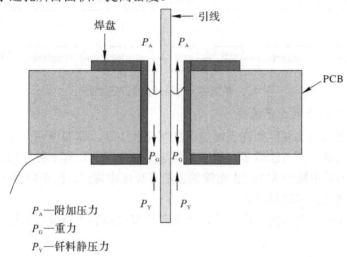

图 4.2　多层板中金属化的连通作用示意图

5) 金属涂覆

印制电路板涂覆层的作用是保护铜箔，增加可焊性和抗腐蚀、抗氧化性。常用的涂覆层有金、银和铅锡合金。为了提高印制电路板的可焊性，浸银是镀层的传统方式。但由于银层容易发生硫化而发黑，往往反而降低了可焊性和外观质量。为了改善这一工艺。目前较多采用浸锡或镀铅锡合金的方法，特别是热熔铅锡工艺和热风整平工艺得到了很大的发展。

(1) 热熔铅锡。把铅锡合金底层经过热熔处理后，使铅锡合金与基层铜箔之间获得一个铜锡合金过渡界面，大大增强了界面结合的可靠性，更能显示铅锡合金在可焊性和外观质量方面的优越性，这是目前较先进工艺之一。热熔过程主要通过甘油浴或红外线使铅锡合金在 190 ℃～220 ℃温度下熔化，充分润湿铜箔而形成牢固结合层后再冷却。

(2) 热风整平。热风整平是取代电镀铅锡合金和热熔工艺的一种生产工艺。它使浸涂铅锡焊料的印制电路板从两个风刀之间通过，风刀中热压缩空气使铅锡合金熔化并将板面上多余的金属吹掉，获得光亮、平整、均匀的铅锡合金层。目前，在高密度的印制电路板生产中，大部分采用这种工艺。

6) 涂助焊剂及阻焊剂

印制电路板经表面金属涂覆后，根据不同需要可以进行助焊或阻焊处理。

(1) 助焊剂。在电路图形的表面上喷涂助焊剂，既可以保护镀层不被氧化，又能提高可焊性。酒精、松香水是最常用的是助焊剂。

(2) 阻焊剂。阻焊剂是在印制板上涂覆的阻焊层(涂料或薄膜)。除了焊盘和元器件引线孔裸露以外，印制板的其他部位均在阻焊层之下。阻焊剂的作用是限定焊接区域，防止焊接时搭焊、桥连造成的短路，改善焊接的准确性，减少虚焊，防止机械损伤，减少潮湿气体和有害气体对板面的侵蚀。

2. 印制电路板的生产工艺流程

1) 单面印制电路板的生产流程

单面印制电路板的生产流程如图 4.3 所示，单面板的工艺简单，质量易于保证。

图 4.3   单面印制电路板的生产流程图

2) 双面印制电路板的生产流程

双面板与单面板的主要区别在于增加了金属化孔工艺，即实现两面印制电路的电气连接。由于金属化孔的工艺方法较多，相应双面板的制作工艺也有多种方法。概括分为先电镀后腐蚀、先腐蚀后电镀两大类。先电镀的方法有板面电镀法、图形电镀法、反镀漆膜法；先腐蚀的方法有堵孔法和漆膜法。

堵孔法。这是较为老式的生产工艺，制作普通双面印制电路板可采用此法。工艺流程如图 4.4 所示。

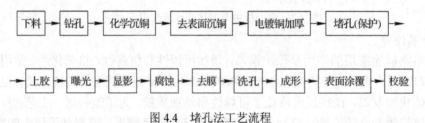

图 4.4   堵孔法工艺流程

3. 印制电路板的手工制作

在产品研制阶段或科技创作活动中往往需要制作少量印制电路板，或者进行产品性能分析试验或制作样板，为了赶时间和经济性需要自制印制电路板，以下介绍了几种简单易行的方法。

1) 描图蚀刻法

这是常用的一种制板方法，由于最初使用调和漆作为描绘图形的材料，所以也称漆图法。具体步骤如下：

(1) 下料。按实际设计尺寸剪裁覆铜板（剪床、锯割均可），去四周毛刺。

(2) 拓图。用复写纸将已设计的印制电路板布线草图拓在覆铜板的铜箔面上，印制导线用单线，焊盘以小圆点表示。拓制双面板时，板与草图应有 3 个不在一条直线上的点定位。

(3) 钻孔。拓图后检查焊盘与导线是否有遗漏，然后在板上打样冲眼，以定位焊盘孔，打孔时注意钻床转速应取高速，钻头应刃磨锋利。进刀不宜过快，以免将铜箔挤出毛刺，并注意保持导线图形清晰。清除毛刺时不要用砂纸。

(4) 描图。用稀稠适宜的调和漆将图形及焊盘描好。描图时应先描焊，方法是用适当的硬导线蘸漆点漆料，漆料要蘸得适中，描线用的漆稍稠，点时注意与孔同心，大小尽量均匀，焊盘描完后可描印制导线图形，可用鸭嘴笔、毛笔等配合尺子，注意直尺不要与板接角，可将两端垫高，以免将未干的图形蹭坏。

(5) 修图。描好的图在漆未全干(不粘手)时及时进行修图，可使用直尺和小刀，沿导线边沿修整，同时修补断线或缺损图形，保证图形质量。

(6) 蚀刻。蚀刻液一般为三氯化铁水溶液，浓度在 28%～42%，将描好的板子完全浸没到溶液中，蚀刻印制图形。

为加速蚀刻可轻轻搅动溶液，亦可用毛笔刷扫板面，但不可用力过猛，防止漆膜脱落，低温季节可适当加热溶液，但温度不要超过 50 ℃。蚀刻完后将板子取出用清水冲洗。

(7) 去膜。用热水浸泡后即可将漆膜剥掉，未擦净处可用稀料清洗。

(8) 清洗漆膜去净后，用碎布蘸去污粉反复在板面上擦拭，去掉铜箔氧化膜，露出铜的光亮本色。为使板面美观，擦拭时应顺某一固定方向，这样可使反光方向一致，看起来更加美观。擦后用水冲洗、晾干。

(9) 涂助焊剂。冲洗晾干后应立即涂助焊剂(可用已配好的松香酒精溶液)。涂助焊剂后便可使板面得到保护，提高可焊性。

注意：此法描图不一定用漆，各种抗三氯化铁蚀刻的材料均可用，如虫胶酒精液、松香酒精溶液、蜡、指甲油等。其中松香酒精溶液因为本身就是助焊剂，故可省略步骤(7)和(9)，即蚀刻后不用去膜即可焊接，但须将步骤(8)提前到下料之后进行。

用无色溶液描图时可加少量甲基紫，使描图便于观察和修改。

2) 贴图蚀刻法

贴图蚀刻法是利用不干膜条(带)直接在铜箔上贴出导电图形代替描图，其余步骤同描图法。由于胶带边缘整齐，焊盘亦可用工具冲击，故贴成的图质量较高，蚀刻后揭去胶带即可使用，也很方便。贴图法可有以下两种方式。

(1) 预制胶条图形贴制。

按设计导线宽度将胶带切成合适宽度，将设计图形贴到敷铜板上。有些电子器材商店有各种宽度的贴图胶带，也有将各种常用印制图形如集成电路、印制板插头等制成专门的薄膜，使用更为方便。无论采用何种胶条，都要注意粘贴牢固，特别边缘一定要按压紧贴，否则腐蚀溶液浸入将使图形受损。

(2) 贴图刀刻法。

这种方法是图形简单时用整块胶带将铜箔全部贴上，然后用刀刻法去除不需要的部分。此法适用于保留铜箔面积较大的图形。

3) 雕刻法

上面所述贴图刀刻法亦可直接雕刻铜箔，用刻刀和直尺配合刻制图形，用刀将铜箔划透，用镊子或钳子撕去不需要的铜箔。

也可用微型砂轮直接在铜箔上磨削出所需图形，与刀刻法同理，不再详述。

第五部分　焊　接　技　术

焊接是电子设备制造中极为重要的一个环节，任何一个设计精良的电子装置没有相应的焊接工艺保证是很难达到预定的技术指标的。

任何电子产品，从几十个零件构成的简单收音机到成千上万个零部件组成的计算机系统，都是由基本的元器件和功能构件按电路工作原理，用一定的工艺方法连接而成的，虽然连接方法有多种，但使用最广泛的方法是锡焊。

这部分重点介绍手工焊接技术和工艺，使学生了解焊接的机理，熟悉焊接工具、材料，掌握焊接方法和技术。

一、焊接的基本知识

锡焊的机理可以由以下三个过程来表述。

1. 浸润

加热后呈熔融状态的焊料(锡铅合金)，沿着工件金属的凹凸表面，靠毛细管的作用扩展。如果焊料和工件金属足够清洁，焊料原子与工件金属原子就可以接近到能够相互结合的距离，即接近到原子引力相互作用的距离。这个过程称为焊料的浸润。

2. 扩散

由于金属原子在晶格点阵中呈热振动状态，所以在温度升高时，它会从一个晶格点阵自动地转移到其他晶格点阵，这个现象称为扩散。锡焊时，焊料和工件金属表面的温度较高，焊料与工件金属表面的原子相互扩散，在两者界面形成新的合金。

3. 界面层的结晶与凝固

焊接后焊点降温到室温，在焊接处形成由焊料层、合金层和工件金属表面组成的结合结构。合金层形成在焊料和工件金属界面上，称为"界面层"。冷却时，界面层首先以适当的合金状态开始凝固，形成金属结晶，而后结晶向未凝固的焊料生长。

综上所述，我们获得关于锡焊的理论认识：将表面清洁的焊件与焊料加热到一定温度，焊料熔化并润湿焊件表面，在其界面上发生金属扩散并形成结合层，从而实现金属的焊接。

二、焊接工具

1. 电烙铁

由于用途、结构的不同，有各式各样的烙铁，按加热方式分，有直热式、恒温式、吸焊式、感应式、气体燃烧式等电烙铁；按烙铁发热能力(功率)分，有 20 W、30 W、300 W

等；按功能分，又有单用式、两用式、调温式等。最常用还是单一焊接用的直热式电烙铁，它又可分为内热式和外热式两种。

2．电烙铁的选用

一般研制、生产维修中，可根据不同施焊对象选择不同功率的普通烙铁，即可以满足需要。如有特殊要求，可选用感应式、恒温式等电烙铁。选择电烙铁的功率和类型一般根据焊件的大小和性质而定。表 5.1 的选择供参考。

表 5.1 电烙铁的选用

焊件及工作性质	烙铁头温度	选用烙铁
一般印制板电路，安装导线	250 ℃～400 ℃	20 W 内热式，30 W 外热式，恒温式
集成电路	250 ℃～400 ℃	20 W 内热式、恒温式
焊片，电位器，2～8 W 电阻，大功率管	350 ℃～450 ℃	35～50 W 内热式、恒温式 50～75 W 外热式
8 W 以上大电阻，$\phi 2$ 以上导线及较大元器件	400 ℃～500 ℃	100 W 内热式，150～200 W 外热式
汇流排、金属板等	500 ℃～630 ℃	30 W 以上外热式
维修、调试一般电子产品		20 W 内热式、恒温式、感应式

3．烙铁头修整及镀锡

(1) 烙铁头一般用紫铜制成。现在内热式烙铁头都经电镀。这种有电镀层的烙铁头，如果不是特殊需要，一般不要修锉或抽样打磨，因为电镀层的目的就是保护烙铁头不易腐蚀。还有一种新型合金烙铁头，寿命较长，但需配专门的烙铁，一般用于固定产品的印制板焊接。

(2) 烙铁头修整和镀锡。烙铁头经使用一段时间后，表面会凹凸不平，而且氧化严重，这种情况下需要修整。一般将烙铁头拿下来，夹到台钳上粗锉，修整为自己要求的形状，然后再用细锉修平，再修整。小修时，也可不拿下烙铁头，直接用小锉刀锉，用砂纸擦平。

修整后的烙铁应立即镀锡，即将烙铁头装好通电，在木板上放些松香并放一段焊锡，烙铁黏上锡后在松香中来回摩擦，直到整个烙铁修整面均匀镀上一层锡为止。

应该注意，烙铁通电后一定要立刻蘸上松香，否则表面会生成难以镀锡的氧化层。

三、焊接材料

1．焊料℃

焊料是易熔金属，它的熔点低于被焊金属，在熔化时能在被焊金属表面形成合金而将被焊金属连接在一起。焊料成分有锡(Sn)和铅(Pb)、银焊料等。在一般电子产品装配中主要使用锡铅焊料，俗称焊锡。

手工焊接常用管状焊锡丝，即将焊锡制成管状内部加助焊剂(优质松香加一定的活化剂)。由于松香很脆，拉制时容易断裂，造成局部缺焊剂的现象；而多芯焊丝则可克服这个缺点。焊料成分一般是含锡量 60%～65% 的铅锡合金。焊锡丝直径有 0.5 mm、0.8 mm、0.9 mm、1.0 mm、1.2 mm、1.5 mm、2.0 mm、2.3 mm、2.5 mm、3.0 mm、4.0 mm、5.0 mm，还有扁带状、球状、饼状的成形焊料。

2. 焊剂

金属表面同空气接触后都会生成一层氧化膜，温度越高，氧化越严重，会阻止液态焊锡对金属的润湿作用。焊剂就是用于清除氧化膜的一种专用材料，又称助焊剂。

四、手工锡焊技术

1. 焊接前的准备

1) 可焊接处理——镀锡

镀锡，实际就是液态焊锡对被焊金属表面浸润，形成一层既不同于被焊金属又不同于焊锡的结合层。由这个结合层将焊锡与待焊金属这两种性能、成分都不相同的材料牢固连接起来。镀锡有以下工艺要点。

(1) 待镀面应该清洁。有人认为，既然在锡焊时使用焊剂助焊，就可以不注意待焊表面的清洁，其实这样会造成虚焊之类的焊接隐患。实际上，焊剂的作用主要是在加热时破坏金属表面的氧化层，但它对锈迹、油迹等并不起作用。各种元器件、焊片、导线等都可能在加工、存储的过程中带有不同的污物。对较轻的污垢可以用酒精或丙酮擦洗；严重的腐蚀性污点只有用刀刮或用砂纸打磨等机械办法去除。

在非专业条件下进行装配焊接，首先要观察元器件的引线原来是哪种镀层，按照不同的方法进行清洁。一般引线上常见的镀层有银、金和铅锡合金等。镀银引线容易产生不可焊接的黑色氧化膜，须用小刀轻轻刮去，直到露出紫铜表面；如果是镀金引线，因为其基材难于镀锡，故不能把镀金层刮掉，可用绘图粗橡皮擦去掉引线表面的污物；镀铅锡合金的引线可以在较长的时间内保持良好的可焊性，所以新购买的正品元器件(铅锡合金镀层在可焊性合格的期限内)可免去对引线的清洁和镀锡工序。

然后，对经过清洁的元器件引线浸涂助焊剂(酒精松香水)。对那些用小刀刮去氧化膜的引线，还要进行镀锡。

(2) 温度要足够。被焊金属表面的温度，应该接近焊锡熔化时的温度，这样才能与焊锡形成良好的结合层。要根据焊件的大小，使用相应的焊接工具，供给足够的热量。由于元器件所承受的温度不能太高，所以必须掌握恰到好处的加热时间。

(3) 要使用有效的助焊剂。在焊接电子产品时，广泛使用酒精松香水作为助焊剂。这种助焊剂无腐蚀性，在焊接时可去除氧化膜，增加焊锡的流动性，使焊点可靠美观。正确使用有效的助焊剂，是获得合格焊点的重要条件之一。

2) 生产中的元器件镀锡

在小批量生产中，可以使用普通电炉锡锅进行镀锡，也可以使用一种利用感应加热原理制成的专用锡锅。无论使用哪一种，都要注意保持锡的合适温度，既不能太低，也不能太高，否则锡的表面将很快被氧化。焊锡的温度可根据液态的流动性做出大致的判定：温度高，则流动性好；温度低，则流动性差。电炉的电源可以通过调压器供给，以便于调节锡锅的最佳温度。在使用过程中，要不断用铁片刮去锡锅里的熔融锡焊表面的氧化层和杂质。

在业余条件下，一般不可能用锡锅镀锡。这时可以用蘸锡的电烙铁沿着浸蘸了助焊剂的引线加热，注意使引线的镀层表面应该均匀光亮，没有颗粒及凹凸点。如果镀后立即使用，可以免去浸蘸助焊剂的步骤。假如原来焊件表面的污物太多，要在镀锡之前采用机械办法预先去除。在大规模生产中，从元器件清洗到镀锡，还可以用化学方法去除焊接面上的氧化膜。

研究成果表明，国产元器件引线的可焊性越来越好，在存储 15 个月以后，引线上的镀锡层仍然具有良好的可焊性。对于此类元器件，在规定期限内完全可免去镀锡的工序。现在市场上常见的元器件大多是采用这种方法处理过的，为保证表面镀锡层的完好，在焊接前不要用刀、砂纸等机械方法或化学方法打磨表面。也有一些元器件是早年生产的，引脚表面大多氧化，在使用前必须进行处理，以保证焊接质量。

在一般焊接电子产品中，用多股导线进行连接是很多的。连接导线的焊点发生故障比较常见，这同导线接头处理不当有很大关系。对导线镀锡要把握以下几个要点：

(1) 剥去绝缘层不要伤线。使用剥线钳剥去导线的绝缘层，若刀口不合适或工具本身质量不好，容易造成多股线头中有少数几根断掉或者虽未断但有压痕，这样的线头在使用中容易断开。

(2) 多股导线需要很好绞合。剥好的导线端头一定要先绞合在一起，否则在镀锡时就会散乱。一两根散线也很容易造成电气故障。

(3) 涂焊剂镀锡要留有余地。通常在镀锡前要将导线头浸蘸松香水。有时，也将导线搁在放有松香的木板上，用烙铁给导线端头敷涂一层助焊剂，同时也镀上焊锡。要注意不要让锡浸入到导线的绝缘皮中去，最好在绝缘皮前留出 1～3 mm 的间隔，使这段没有镀锡。这样镀锡的导线对于穿管是很有利的，同时也便于检查导线有无断股。

3) 元器件引线成型

如图 5.1 所示，印制板上装配的元器件需在装插前弯曲成形。弯曲成形的要求取决于元器件本身的封装外形和印制板上的安装位置，有时也因整个印制板的安装空间限定元件的安装位置。元器件引线成型要注意以下几点：

(1) 所有元器件引线均不得从根部弯曲。因为制造工艺上的原因，根部容易折断。一般应留 1.5 mm 以上。

(2) 弯曲一般不要成死角，圆弧半径应大于引线直径的 1～2 倍。

(3) 要尽量将有字符的元器件面置于容易观察的位置。

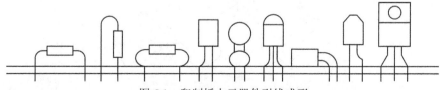

图 5.1 印制板上元器件引线成形

4) 元器件的插装

(1) 贴板与悬空插装。如图 5.2(a)所示，贴板插装稳定性好，插装简单，但不利于散热，且对某些安装位置不适应。悬空插装，适应范围广，有利于散热，但由于插装较复杂，需控制一定高度以保持美观一致。如图 5.2(b)、(c)所示，悬空高度一般取 2～6 mm。插装时应首先保证图纸中的安装工艺要求，其次按实际安装位置确定。一般无特殊要求时，只要位置允许，采用贴板安装较为常用。

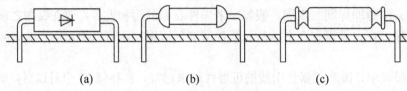

(a)   (b)   (c)

图 5.2 元器件的插装形式

(2) 安装时应注意元器件的排列形式，字符标记方向一致，并符合阅读习惯，容易读出。元器件的排列形式如图 5.3 所示。

(3) 安装时不要用手直接碰元器件和印制板上的铜箔。

(4) 插装后为了固定可对引线进行折弯处理。

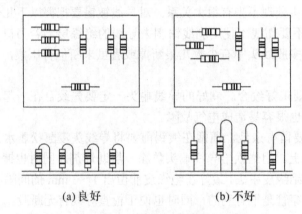

(a) 良好   (b) 不好

图 5.3 元器件的排列形式

2. 手工焊接技术

1) 焊接操作的正确姿势

焊剂加热挥发出的化学物质对人体是有害的，如果操作时鼻子距离烙铁头太近，则很容易将有害气体吸入。一般烙铁离开鼻子的距离应不小于 30 cm，通常以 40 cm 为宜。

电烙铁拿法有三种，如图 5.4 所示。

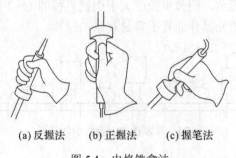

(a) 反握法   (b) 正握法   (c) 握笔法

图 5.4 电烙铁拿法

反握法动作稳定，长时操作不易疲劳，适于大功率烙铁的操作。正握法适于中等功率烙铁或带弯头烙铁的操作。一般在操作台上焊印制板等焊件时多采用握笔法。

焊锡丝一般有两种拿法，如图 5.5 所示。由于焊丝成分中铅占一定比例，众所周知铅是对人体有害的重金属，因此操作时应戴手套或操作后洗手，避免食入。

使用电烙铁时要配置烙铁架，一般放置在工作台右前方，电烙铁用后一定要稳妥放于烙铁架上，并注意使导线等物不要碰烙铁头。

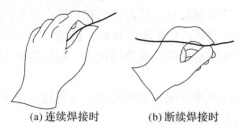

(a) 连续焊接时　　　　(b) 断续焊接时

图 5.5 焊锡丝拿法

2) 焊接操作的基本步骤(又称五步法)

作为一般初学者，掌握手工锡焊技术必须从五步法训练开始，如图 5.6 所示。

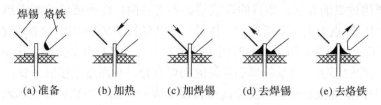

(a) 准备　　(b) 加热　　(c) 加焊锡　　(d) 去焊锡　　(e) 去烙铁

图 5.6 五步法焊接操作

(1) 准备施焊。准备好焊锡丝和烙铁，此时特别强调的是烙铁头要保持干净，即可以沾上焊锡(俗称吃锡)。左手拿锡丝，右手拿电烙铁，如图 5.6 (a)所示。

(2) 加热焊件。将烙铁接近焊接点。注意，首先要用烙铁加热焊件各部分和焊盘，使之受热，其次要注意让烙铁头的扁平部分(较大部分)接触热容量较大的焊件，烙铁头的侧面或边缘部分接触热容量较小的焊件，以保持均匀受热，如图 5.6(b)所示。

(3) 熔化焊料。当焊件加热到能熔化焊料的温度后将焊丝置于焊点，焊料开始熔化并润湿焊点，如图 5.6(c)所示。

(4) 移开焊锡。当熔化一定量的焊锡后将焊丝移开，如图 5.6(d)所示。

(5) 移开烙铁。当焊锡完全润湿焊点后移开烙铁，注意移开烙铁的方向应该是大致 45°的方向，如图 5.6(e)所示。

上述过程，对一般焊点而言大约需二三秒。对于热容量较小的焊点，例如印制电路板上的小焊盘，有时用三步法概括操作方法，即将上述步骤(2)、(3)合为一步。实际上细微区分还是五步，所以五步法有普遍性，是掌握手工烙铁施焊的基本方法。特别是各步骤之间停留的时间，对保证焊接至关重要，只有通过实践才能逐步掌握。

3) 焊接操作的基本要领

(1) 掌握好加热时间。锡焊时可以采用不同的加热速度。如果烙铁头形状不良，用小烙铁焊大焊件时不得不延长时间以满足焊料的要求，在大多数情况下延长加热时间对电子产品装配都是有害的，其原因是：

① 焊点的结合层由于长时间加热而超过合适的厚度，引起焊点性能变质。

② 印制板、塑料等材料受热时间过长会变形。

③ 元器件受热后性能发生变化甚至失效。

④ 焊点表面由于焊剂挥发，失去保护而氧化。

由此可见在保证焊料润湿焊件的前提下时间越短越好。

(2) 保持合适的温度。如果为了缩短加热时间而采用高温烙铁焊小焊点，则会带来另一方面的问题：焊锡丝中的焊剂没有足够的时间在被焊面上慢流而过早挥发失效；焊料熔化速度过快影响焊剂作用的发挥；由于温度过高，虽加热时间短也造成过热现象。

由此可见要保持烙铁头在合理的温度范围内，一般经验是烙铁头温度比焊料熔化温度高 50° 较为适宜。

理想的状态是在较低的温度下缩短加热时间，尽管这是矛盾的，但在实际操作中可以通过操作手法获得令人满意的解决方法。

(3) 烙铁头对焊点施力是有害的。烙铁头把热量传给焊点主要靠增加接触面积，用烙铁对焊点加力加热是没用的。很多情况下会造成对焊件的损伤，例如电位器、开关、接插件的焊接点往往都是固定在塑料构件上的，加力的结果容易造成元件失效。

(4) 不要用过量的焊剂。适量的焊剂是必不可缺的，但不要认为越多越好。过量的松香不仅造成焊后焊点周围需要清洗的工作量，而且延长了加热时间(松香熔化、挥发需要带走热量)，降低工作效率；而当加热时间不足时，焊剂又容易夹杂到焊锡中形成"夹渣"缺陷；对开关元件的焊接，过量的焊剂容易流到焊点处，从而造成接触不良。

合适的焊剂量应该是松香水仅能润湿将要形成的焊点，不要让松香水透过印制板流到元件面或插座空里(如 IC 插座)。对使用松香芯的焊丝来说，基本不需要涂焊剂。

(5) 保持烙铁头的清洁。因为焊接时烙铁头长期处于高温状态，又接触焊剂等受热分解的物质，其表面很容易氧化而形成一层黑色杂质，这些杂质形成隔热层，使烙铁头失去加热作用，因此要随时在烙铁架上蹭去杂质。用一块湿布或湿海绵随时擦烙铁头。

(6) 加热要靠焊锡桥。非流水线作业中，一次焊接的焊点形状是多种多样的，我们不可能不断换烙铁头。要提高烙铁头加热的效率，需要形成热量传递的焊锡桥。所谓焊锡桥，就是靠烙铁上保留少量焊锡作为加热时烙铁头与焊件之间传热的桥梁。显然由于金属液的导热效率远高于空气，因此焊件很快被加热到焊接温度。应注意作为焊锡桥的锡保留量不可过多。

(7) 焊锡量要合适。过量的焊锡不但毫无必要地消耗了较贵的锡，而且增加了焊接时间，相应降低了工作效率。更为严重的是在高密度的电路中，过量的锡很容易造成不易觉察的短路。

但是焊锡过少又不能形成牢固的结合，降低焊点强度，特别是在板上焊导线时，焊锡不足往往造成导线脱落。焊锡量的掌握如图 5.7 所示。

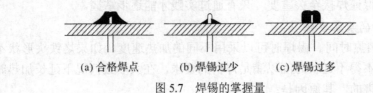

(a) 合格焊点   (b) 焊锡过少   (c) 焊锡过多

图 5.7　焊锡的掌握量

(8) 焊件要固定。在焊锡凝固之前不要使焊件移动或振动，特别是用镊子夹住焊件时一定要等焊锡凝固，再移去镊子。这是因为焊锡凝固过程是结晶过程，根据结晶理论，在结晶期间受到外力(焊件移动)会改变结晶条件，导致晶体粗大，造成所谓"冷焊"。外观现象是表面无光泽呈豆渣状；焊件内部结构疏松，容易有气隙和裂缝，造成焊点强度降低，导电性能差。因此，在焊锡凝固前一定要保持焊件静止。实际操作时可以用各种适宜的方法将焊件固定，或使用可靠的夹持措施。

(9) 烙铁撤离有讲究。烙铁撤离要及时，而且撤离时角度和方向对焊点的形成有一定影响。图 5.8 所示为不同撤离方向对焊料的影响。撤烙铁时轻轻旋转一下，可保持焊点处有适当的焊料，这需要在实际操作中体会。

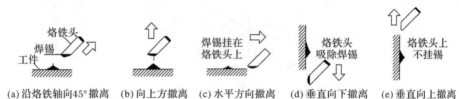

图 5.8 烙铁撤离对焊料的影响

3. 拆焊

在电子产品的生产过程中，不可避免地会因为装错、损坏或因调试、维修的需要而拆换元器件，这就是拆焊，也叫解焊。

1) 拆焊的基本原则

拆焊的步骤一般是与焊接的步骤相反的，拆焊前一定要弄清楚原焊接点的特点，不要轻易动手。

(1) 不损坏拆除的元器件、导线、原焊接部位的结构件。

(2) 拆焊时不可损坏印制电路板上的焊盘与印制导线。

(3) 对已判断为损坏的元器件可先将引线剪断再拆除，这样可减少其他损伤。

(4) 在拆焊过程中，应尽量避免拆动其他元器件或变动其他元器件的位置，如确实需要，应做好复原工作。

2) 拆焊工具

常用的拆焊工具除普通电烙铁外还有以下几种：

(1) 镊子：以端头较尖、硬度较高的不锈钢为佳，用以夹持元器件或借助电烙铁恢复焊孔。

(2) 吸锡绳：用以吸取焊接点上的焊锡。专用的吸锡绳价格昂贵，可用镀锡的编织套浸以助焊剂代用，效果也较好。

(3) 吸锡电烙铁：用于吸去熔化的焊锡，使焊盘与引线或导线分离，达到解除焊接的目的。

3) 拆焊的操作要点

(1) 严格控制加热的温度和时间。因拆焊的加热时间和温度较焊接时要长、要高，所以要严格控制温度和加热时间，以免将元器件烫坏或使焊盘翘起、断裂。宜采用间隔加热法来进行拆焊。

(2) 拆焊时不要用力过猛。在高温状态下，元器件封装的强度会下降，尤其是塑封器件、陶瓷器件、玻璃端子等，过度地用力拉、摇、扭都会损坏元器件和焊盘。

(3) 吸去拆焊点上的焊料。拆焊前，先用吸锡工具吸去焊料，有时可以直接将元器件拔下。即使还有少量锡连接，也可以减少拆焊的时间，减少元器件及印制电路板损坏的可能性。在没有吸锡工具的情况下，则可以将印制电路板或能移动的部件倒过来，用电烙铁加热拆焊点，利用重力原理，让焊锡自动流向烙铁头，也能达到部分去锡的目的。

4) 印制电路板上元器件的拆焊方法

(1) 分点拆焊法。卧式安装的阻容元器件，两个焊接点距离较远，可采用电烙铁分点加热，逐点拔出。如果引线是弯折的，则应用烙铁头撬直后再行拆除。分点拆焊法如图5.9所示。

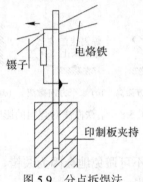

图 5.9 分点拆焊法

(2) 集中拆焊法。晶体管以及直立安装的阻容元器件，焊接点距离较近，可用电烙铁同时快速交替加热几个焊接点，待焊锡熔化后一次拔出。对多接点的元器件，如开关、插头座、集成电路等可用烙铁头同时对准各个焊接点，一次加热取下。

5) 一般焊接的拆焊方法

(1) 保留拆焊法。对需要保留元器件引线和导线端头的拆焊，要求比较严格，也比较麻烦，可用吸锡工具先吸去被拆焊接点外面的焊锡。如果是钩焊，则应先用烙铁头撬起引线，抽出引线。如果是绕焊，则要弄清楚原来的绕向，在烙铁头加热时，用镊子夹住线头逆绕退出。

(2) 剪断拆焊法。被拆焊点上的元器件引线及导线如留有重焊余量，或确定元器件已损坏，则可沿着焊接点根部剪断引线，再用以上方法去掉线头。

6) 拆焊后重新焊接应注意的问题

拆焊后一般都要重新焊上元器件或导线，操作时应注意以下几个问题：

(1) 重新焊接的元器件引线和导线的剪截长度、离底板或印制电路板的高度、弯折形状和方向，都应尽量保持与原来的一致，使电路的分布参数不至于发生大的变化，以免使电路的性能受到影响，尤其对于高频电子产品更要重视这一点。

(2) 印制电路板拆焊后，如果焊盘孔被堵塞，应先用锥子或镊子尖端在加热情况下从铜箔面将孔穿通，再插进元器件引线或导线进行重焊。不能靠元器件引线从基板面捅穿孔，这样很容易使焊盘铜箔与基板分离，甚至使铜箔断裂。

(3) 拆焊点重新焊元器件或导线后，应将因拆焊需要而弯折、移动过的元器件恢复原状。一个熟练维修人员拆焊过的维修点一般是不容易看出来的。

五、工业生产中电子产品的焊接介绍

1. 浸焊

浸焊是将插装好元器件的印制电路板在熔化后的锡槽内浸锡，一次完成印制电路板众多焊点的焊接方法。这种方法不仅比手工焊接大大提高了生产效率，而且可消除漏焊现象。浸焊有手工浸焊和机器自动浸焊两种。

1) 手工浸焊

手工浸焊是由操作工人手持夹具将需焊接的已插好元器件的印制电路板浸入锡槽内来完成的，其操作步骤如下：

(1) 锡槽的准备。锡槽熔化焊锡的温度以 230 ℃～250 ℃为宜。对较大的器件与印制电路板，可将焊锡温度提高到 260 ℃左右，且随时加入松香焊剂，及时去除焊锡层表面的氧化层。

(2) 印制电路板的准备。将插好元器件的印制电路板浸渍松香助焊剂，使焊盘上涂满助焊剂。

(3) 用夹具将待焊接的印制电路板水平地浸入锡槽中，使焊接表面与印制电路板的焊盘完全接触。浸焊的深度以印制板厚度的 50%～70%为宜，浸焊的时间约为 3～5 s。

(4) 完成浸焊。达到浸焊时间后，立即将印制板取离锡槽，稍冷却后，即可检查焊接质量。若有较大面积未焊好，则应检查原因，并重复浸焊，个别焊点可用手工补焊。

(5) 对于元器件直接插装印制电路板，应用电动剪刀剪去过长的元器件引脚，使引脚漏出锡面长度不超过 2 mm 为宜。

浸焊的关键是印制电路板浸入锡槽一定要平稳，接触良好，时间适当。由于手工浸焊仍属于人工操作，要求操作工人具有一定的操作水平，因而不适用大批量生产。

2) 自动浸焊

(1) 工艺流程。图 5.10 所示是自动浸焊的一般工艺流程图。

将插好元器件的印制电路板用专用夹具安置在传送带上，印制电路板先经过泡沫助焊剂槽喷上助焊剂，加热器将焊剂烘干，然后经过熔化的锡槽进行浸焊。待锡冷却凝固后再送到切头机剪去过长的引脚。

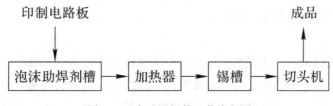

图 5.10　自动浸焊的工艺流程图

(2) 自动浸焊设备。

① 带振头自动浸焊设备。

一般自动浸焊设备上都带有振动头，它安装在安置印制电路板的专用夹具上。印制电路板由传动机导入锡槽，浸锡 2～3 s，开启振动头 2～3 s，使焊锡深入焊接点内部，这对双面印制电路板效果更好，可振掉多余的焊锡。

② 超声波浸焊设备。

超声波浸焊设备是利用超声波来增强浸焊的效果，增加锡焊的渗透性，使焊接更可靠。此设备增加了超声波发生器、换能器等部分，因此比一般设备复杂。

(3) 浸焊操作注意事项。

① 槽的高温将损坏不耐高温的元器件和半开放性元器件，必须事前用耐高温胶带贴封这些元器件。

② 对未安装元器件的安装孔也需贴上胶带，以免焊锡填入孔中。

③ 工人必须戴上防护眼镜、手套，穿上围裙。所有液态物体要远离锡槽，以免倒翻在锡槽内引起"爆炸"及焊锡喷溅。

④ 高温焊锡表面极易氧化，必须经常处理，以免造成焊接缺陷。

浸焊比手工焊效率高，设备也较简单，但由于锡槽内的焊锡表面是静止的，表面氧化物易黏在焊接点上，并且印制电路板被焊接表面与焊锡接触，温度高，易烫坏元器件并使印制电路板变形。浸焊是初始的自动化焊接，目前在大批量电子产品生产中已被波峰焊所取代，或在高可靠性要求的电子产品生产中作为波峰焊的前道工序。

2. 波峰焊

波峰焊采用波峰焊机一次完成印制板上全部焊点的焊接。波峰焊机的主要结构是一个温度能自动控制的熔锡缸，缸内装有机械泵和具有特殊结构的喷嘴。机械泵能根据焊接要求，连续不断地从喷嘴压出液态锡波，当印制板由传送机构以一定速度进入时，焊锡以波峰的形式不断地溢出至印制板面进行焊接。波峰焊接工艺流程为：焊前准备→涂焊剂→预热→波峰焊接→冷却→清洗。

1) 焊前准备

焊前准备主要是对印制板进行去油处理和去除阻焊剂。

2) 涂焊剂

利用波峰焊机上的涂敷焊剂装置，把焊剂均匀地涂敷到印制板上。涂敷的形式有发泡式、喷流式、浸渍式、喷雾式等，其中发泡式是最常用的形式。涂敷的焊剂应注意保持一定的浓度。焊剂浓度过高，印制板的可焊性好，但焊剂残渣多，难以清除；焊剂浓度过低，则可焊性变差，容易造成虚焊、漏焊。

3) 预热

预热是给印制板加热，使焊剂活化并减少印制板与锡波接触时遭受的热冲击。预热时应严格控制预热温度。预热温度高，会使桥接、拉尖等焊接不良现象减少；预热温度低，对插装在印制板上的元器件有益。一般预热温度为 70 ℃～90 ℃，时间约为 40 s。印制板预热后可提高焊接质量，防止虚焊、漏焊。

4) 波峰焊接

印制板经涂敷焊剂和预热后，由传送带送入焊料槽，印制板的板面与焊料波峰接触，使印制板上所有的焊点被焊接好。波峰焊分为单向波峰焊和双向波峰焊，图 5.11 所示为单向波峰焊接示意图。

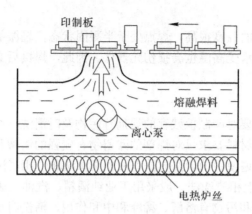

图 5.11 单向波峰焊示意图

图 5.12 所示为双向波峰焊接原理图。焊接时，焊接部位先接触第一个波峰，然后接触第二个波峰。第一个波峰是由高速喷嘴形成的窄波峰，它流速快，具有较大的垂直压力和较好的渗透性，同时对焊接面具有擦洗作用，提高了焊料的润湿性，克服了因元器件的形状和取向复杂带来的问题，另外高速波峰向上的喷射力足以使焊剂气体排出，大大减少了漏焊、桥接和焊缝不充实等焊接缺陷，提高了焊接的可靠性。第二波峰是一个平滑的波峰，流动速度慢，有利于形成充实焊点，同时可有效去除引线上过量的焊料，修正焊接面，消除桥接和虚焊，确保焊接的质量。

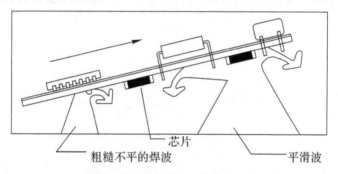

图 5.12 双向波峰焊接原理图

为提高焊接质量，进行波峰焊接时应注意以下事项：

(1) 按时清除锡渣。熔融的焊料长时间与空气接触，会生成锡渣，从而影响焊接质量，使焊点无光泽，所以要定时(一般为 4 h)清除锡渣，也可在熔融的焊料中加入防氧化剂，这不但可防止焊料氧化，还可使锡渣还原成纯锡。

(2) 波峰的高度。焊料波峰的高度最好调节到印制板厚度的 1/2～2/3 处，波峰过低会造成漏焊，过高会使焊点堆锡过多，其至烫坏元器件。

(3) 焊接速度和焊接角度。传送带传送印制板的速度应保证印制板上每个焊点在焊料波峰中的浸渍有必需的最短时间，以保证焊接质量。同时不能使焊点浸在焊料波峰里的时间太长，否则会损伤元器件或使印制板变形。焊接速度可以调整，一般控制为 0.3～1.2 m/min 为宜。印制板与焊料波峰的倾角为 6°。

(4) 焊接温度，即喷口处焊料波峰的温度。通常焊接温度控制在 230 ℃～260 ℃之间。夏天可偏低一些，冬天偏高一些，并随印制板材质的不同而略有差异。

5) 冷却

印制板焊接后，板面温度很高，焊点处于半凝固状态，轻微的震动都会影响焊接的质量，另外印制板长时间承受高温也会损伤元器件。因此，焊接后必须进行冷却处理，一般是采用风扇冷却。

6) 清洗

波峰焊接完成后，要对印制板残存的焊剂等污物及时清洗，否则既不美观，又会影响焊件的电性能。其清洗材料要求只对焊剂的残留物有较强的溶解和去污能力，而对焊点不应有腐蚀作用。目前普遍使用的清洗方法有液相清洗法和气相清洗法两类。

(1) 液相清洗法。液相清洗法一般采用工业纯酒精、汽油、去离子水等做清洗液。这些液体溶剂对焊剂残渣和污物有溶解、稀释和中和作用，清洗时可用手工工具蘸一些清洗液去清洗印制板，或用机器设备将清洗液加压，使之以大面积的宽波形式去冲洗印制板。液相清洗法清洗速度快、质量好，有利于实现清洗工序自动化，只是设备比较复杂。

② 气相清洗法。气相清洗法是在密封的设备里，采用毒性小、性能稳定、具有良好清洗能力、防燃防爆和绝缘性能较好的低沸点溶剂做清洗液，如三氯三氟乙烷。清洗时，溶剂蒸汽在清洗物表面冷凝形成液流，液流冲洗掉清洗物表面的污物，使污物随着液流流走，达到清洗的目的。气相清洗法比液相清洗法效果好，对元器件无不良影响，废液回收方便并可循环使用，减少了溶剂的消耗和对环境的污染，但清洗液价格昂贵。

为保证焊点质量，不允许用机械的方法去刮焊点上的焊剂残渣或污物。

第六部分　电子产品的安装与调试技术

一、印制电路板的安装

印制基板的两侧分别叫做元件面和焊接面。元件面安装元件，元件的引出线通过基板的插孔，在焊接面的焊盘处通过焊接把线路连接起来。

1. 元器件安装的技术要求

(1) 元器件的标志方法应按照图纸规定，安装后能看清元器件上的标志。若装配图上没有指明方向，则应是标记向外易于辨认，并按从左到右、从上到下的顺序读出。

(2) 器件的极性不得装错，安装前应套上相应的套管。

(3) 安装高度应符合规定要求，同一规格的元器件应尽量安装在同一高度上。

(4) 安装顺序一般为先低后高，先轻后重，先易后难，先一般元器件后特殊元器件。

(5) 元器件在印制电路板上的分布应尽量均匀，疏密一致，排列整齐美观。不允许斜排、立体交叉和重叠排列。元器件的外壳与引线不得相碰，要保证 1 mm 左右的安全间隙，无法避免时，应套绝缘套管。

(6) 元器件的引线直径与印制电路板的焊盘孔径有 0.2～0.4 mm 的合理间隙。

(7) 一些特殊元器件的安装处理：MOS 集成电路的安装应在等电位工作台上进行，以免产生静电损坏器件。发热元件(如 2 W 以上的电阻)要与印制电路板面保持一定的距离，不允许贴板安装。较大器件的安装(重量超过 28 g)应采取绑扎、粘固等措施。

2. 印制电路板的装配工艺

1) 元器件的安装方法

安装方法有手工安装和机械安装两种，前者简单易行，但效率低、误装率高；后者安装速度快，误装率低，但设备成本高，引线成形要求严格。一般安装形式如下：

(1) 贴板安装。安装形式如图 6.1 所示，适用于防震要求高的产品。元器件贴紧印制基板面，安装间隙小于 1 mm。当元器件为金属外壳，安装面有印制导线时，应加电绝缘衬垫或绝缘套管。

(2) 悬空安装。安装形式如图 6.2 所示，适用于发热元件的安装。元器件距印制基板面有一定的高度，安装距离一般在 3～8 mm 范围内。

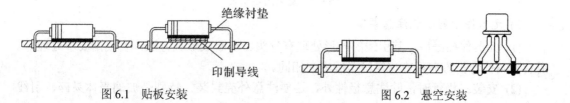

图 6.1　贴板安装　　　　　　　　　　　图 6.2　悬空安装

（3）垂直安装。安装形式如图 6.3 所示，适用于安装密度较高的场合。元器件垂直于印制基板面，但对重量大且引线细的元器件不宜采用这种形式。

（4）埋头安装。安装形式如图 6.4 所示。这种方式可提高元器件的防震能力，降低安装高度。元器件的壳体埋于印制基板的嵌入孔内，因此又称为嵌入式安装。

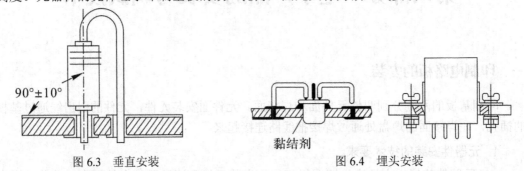

图 6.3　垂直安装　　　　　　　　　　图 6.4　埋头安装

（5）有高度限制时的安装。安装形式如图 6.5 所示。元器件安装高度的限制一般在图纸上是标明的，通常的处理方法是垂直插入后，再朝水平方向弯曲。对大元器件要特殊处理，以保证有足够的机械强度，经得起振动和冲击。

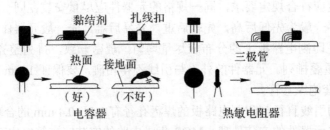

图 6.5　有高度限制时的安装

（6）支架固定安装。安装形式如图 6.6 所示。这种方式适用于重量较大的元件。如小型继电器、变压器、扼流圈等，一般用金属支架在印制基板上将元件固定。

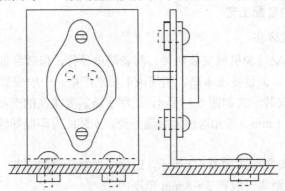

图 6.6　支架固定安装

2) 元器件插好安装注意事项

（1）元器件插好后，其引线的外形处理有弯头、切断成形等方法，要根据要求处理好。所有弯角的弯折方向都应与铜箔走线方向相同。

（2）安装二极管时，除注意极性外，还要注意外壳封装，特别是玻璃壳体易碎，引线弯曲时易爆裂，在安装时可将引线先绕 1～2 圈再装。对于大电流二极管，有的则将引线体当作散热器，故必须根据二极管规格中的要求决定引线的长度，同时注意不宜把引线套上绝缘套管。

(3) 为了区别晶体管的电极和电解电容器的正负端，一般在安装时加带有颜色的套管以示区别。

(4) 大功率三极管一般不宜安装在印制电路板上，因为它发热量大，易使印制电路板受热变形。

二、电子产品的调试工艺

1．通电前的检查工作

在通电前应先检查底板插件是否正确，是否有虚焊和短路，各仪器连接及工作状态是否正确，只有通过这样的检查才能有效地减小元件的损坏，提高调试效率。首次调试还要检查各仪器能否正常工作，验证其精确度。

2．测量电源工作情况

若调试单元是外加电源，则先测量其供电电压是否适合。若由自身底板供电的，则应先断开负载，检测其在空载和接入假定负载时的电压是否正常；若电压正常，则再接通原电路。

3．通电观察

对电路通电，但暂不加入信号，也不要急于调试。首先观察有无异常现象，如冒烟、异味、元件发烫等。若有异常现象，则应立即关断电路的电源，再次检查底板。

4．单元电路的测试与调整

单元电路测试是在安装后对电路的参数及工作状态进行测量。调整是指在测试的基础上对电路的参数进行的修正，使之满足设计要求。分块调试一般有两种方法。

(1) 若整机电路是由分开的多块功能电路板组成的，可以先对各功能电路分别调试完后再组装一起调试。

(2) 对于单块电路板，先不要接各功能电路的连接线，待各功能电路调试完后再接上。分块调试比较理想的调试程序是按信号的流向进行，这样可以把前面调试过的输出信号作为后一级的输入信号，为最后联机调试创造条件。

分块调试包括静态调试和动态调试。静态调试一般指没有外加信号的条件下测试电路中各点的电位，测出的数据与设计数据相比较，若超出规定的范围，则应分析其原因，并作适当的调整；动态调试一般指在加入信号(或自身产生信号后)，测量三极管、集成电路等的动态工作电压，以及有关的波形、频率、相位、电路放大的倍数，并通过调整相应的可调元件，使其多项指标符合设计要求。若经过动、静态调试后仍不能达到原设计要求，则应深入分析其测量数据，并要作出修正。

以往一些简单电路或一些定型产品，一般不采用分块调试，而是整个电路安装完毕后，实行一次性调试，现在随着科技的发展，一些较复杂的电路也适用了一次性调试。由于其电路使用了一些较先进的调试技术，如使用了 I^2C 总线调试技术的电视机，大大减小了单元电路故障率，简化了调试工序，完全可以实现一次性调整。

5. 整机的性能测试与调整

由于使用了分块调试方法，有较多调试内容已在分块调试中完成，整机调试只需测试整机的性能技术指标是否与设计指标相符，若不符合再作出适当调整。

6. 产品老化和环境实验

对产品进行老化和环境实验。

三、静态测试与调整

晶体管、集成电路等有源性器件都必须在一定的静态工作点上工作，才能表现出更好的动态特性，所以在动态调试与整机调试之间必须要求对各功能电路的静态工作点进行测量与调整，使其符合原设计要求，这样才能大大降低动态调试与整机调试时的故障率，提高调试效率。

1. 静态测试内容

1) 供电电源的静态电压测试

电源电压是各级电路静态工作点是否正常的前提，电源电压偏高或偏低都不能测量出准确的静态工作点。电源电压若可能有较大的起伏(如彩电的开关电源)，最好先不要接入电路，测量其空载和接入假定负载时的电压，待电源电压输入正常后再接入电路。

2) 单元电路的静态工作电流测试

测试单元电路的静态工作电流，可以及早知道单元电路的工作状态。若电流偏大，则说明电路有短路或漏电；若电流偏小，则电路供电有可能出现开路。只有及早测量该电流，才能减少元件损坏。此时的电流只能做参考，单元电路各静态工作点调试完后，还要再测量一次。

3) 三极管的静态电压、电流测试

首先要测量三极管对地电压，即 U_b、U_c、U_e，或测量 U_{be}、U_{ce} 电压，判断三极管是否在规定的状态(放大、饱和、截至)内工作。例如，测出 U_c =0 V、U_b=0.68 V、U_e =0 V，则说明三极管处于饱和导通状态。观察该状态是否与设计相同，若不相同，则要细心分析这些数据，并对基极偏置进行适当的调整。

其次再测量三极管的集电极静态电流，测量方法有两种：

(1) 直接测量法。把集电极焊接铜皮断开，然后串入万用表，用电流挡测量其电流。

(2) 间接测量法。通过测量三极管的集电极电阻或发射级电阻的电压，然后根据欧姆定律 $I=U/R$，计算出集电极的静态电流。

4) 集成电路静态工作点的测试

(1) 集成电路各引脚静态对地电压的测量。集成电路内的晶体管、电阻、电容都封装在一起，无法进行调整。一般情况下，集成电路各脚对地电压基本上反映了内部工作状态是否正常。在排除外围元件损坏(或插错元件、短路)的情况下，只要将所测得电压与正常电压进行比较，即可作出正确判断。

(2) 集成电路静态工作电流的测量。有时集成电路虽然正常工作，但发热严重，说明其功耗偏大，是静态工作电流不正常的表现，所以要测量其静态工作电流。测量时可断开集成电路供电引脚铜皮，串入万用表，使用电流挡来测量。若是双电源供电(即正负电源)，

则必须分别测量。

5) 数字电路静态逻辑电平的测量

一般情况下，数字电路只有两种电平，以 TTL 与非门电路为例，0.8 V 以下为低电平。电压在 0.8～1.8 V 之间电路状态是不稳定的，所以该电压范围是不允许的。不同数字电路的高低电平界限都有所不同，但相差不远。

在测量数字电路的静态逻辑电平时，先在输入端加入高电平或低电平，然后再测量各输出端的电压是高电平还是低电平，并做好记录。测量完毕后分析其状态电平，判断是否符合该数字电路的逻辑关系。若不符合，则要对电路引线作一次详细检查，或者更换该集成电路。

2. 电路调整方法

进行测试的时候，可能需要对某些元件的参数加以调整，一般有两种方法。

1) 选择法

通过替换元件来选择合适的电路参数(性能或技术指标)。电路原理图中，在这种元件的参数旁边通常标注有"＊"号，表示需要在调整中才能准确地选定。因为反复替换元件很不方便，一般总是先接入可调元件，待调整确定了合适的元件参数后，再换上与选定参数值相同的固定元件。

2) 调节可调元件法

在电路中已经装有调整元件，如电位器、微调电容或微调电感等。其优点是调节方便，而且电路工作一段时间以后，如果状态发生变化，可以随时调整，但可调元件的可调性差，体积也比固定元件大。

两种方法都适用于静态调整和动态调整。

静态测试与调整的内容较多，适用于产品研制阶段或初学者试制电路使用。在生产阶段调试，为了提高生产效率，往往只是作简单针对性的调试，主要以调节可调性元件为主，对于不合格的电路，也只做简单检查，如观察有没有短路或短线等。若不能发现故障，则应立即在底板上标明故障现象，再转向维修生产线上进行维修，这样才不会耽误调试生产线上的运行。

四、动态测试与调整

动态测试与调整是保证电路中各参数、性能、指标的重要步骤。其测试与调整的项目内容包括动态工作电压、波形的形状及其幅值和频率、动态输出功率、相位关系、频带、放大倍数、动态范围等。对于数字电路来说，只要器件选择合适，直流工作点正常，逻辑关系就不会有太大问题，一般测试电平的转换和工作速度即可。

1. 电路动态工作电压

测试内容包括三极管 b、e、c 极和集成电路各引脚对地的动态工作电压。动态电压与静态电压同样是判断电路是否正常工作的重要依据，例如有些振荡电路，当电路起振时测量 U_{bc} 直流电压，万用表指针会出现反偏现象，利用这一点可以判断振荡电路是否起振。

2. 测量电路重要波形的幅度和频率

无论是在调试还是在排除故障的过程中，波形的测试与调整都是一个相当重要的技术。

各种整机电路中都可能有波形产生的电路。为了判断电路各过程是否正常,是否符合技术要求,常需要观测各被测电路的输入、输出波形,并加以分析。对不符合技术要求的,则要通过调整电路元器件的参数,使之达到预定的技术要求。在脉冲电流的波形变换中,这种测试更为重要。

大多数情况下观察的是电压波形,有时为了观察电流波形,则可通过测量其限流电阻的电压,再转成电流的方法来测量。用示波器观测波形时,上限频率应高于测试波形的频率。对于脉冲波形,示波器的上升时间还必须满足要求。观测波形的时候可能会出现以下几种不正常的情况,只要认真分析波形,总会找出排除的方法。

1) 测量点没有波形

这种情况应重点检查电源、静态工作点、测试电路的连线等。

2) 波形失真

波形失真或波形不符合设计要求时,必须根据波形特点采取相应的处理方法。例如,功率放大器出现图6.7中所示的波形,(a)是正常波形,(b)属于对称性削波失真。通过适当减少输入信号,即可测出其最大不失真输出电压,这就是该放大器的动态范围。该动态范围与原设计值进行比较,若相符,则图6.7中(b)的波形也属于正常,而(c)、(d)两种波形均可能是由于互补输出级中点电位偏离所引起的,所以检查并调整该放大器中点电位(即对电位器进行调整,若没有,可改变输入端的偏置电阻)使输出波形对称。如果中点电位正常,仍然出现上述波形,则可能是由于前几级电路中某一级工作点不正常引起的。对此只能逐级测量,直到找到出现故障的那一级为止,再调试其静态工作点,使其恢复正常工作。图6.7中所示(e)的波形主要是输出级互补管特性差异太大所致。图6.7(f)所示的波形是由于输出互补管静态工作电流太小所致,称为交越失真。一般都有相应的电位器来调整,若没有,则用调整互补管的偏置电阻来解决。必须指出的是静态偏置电流与中点电位的调整是互相影响的,必须反复地调整,使其达到最佳工作状态。

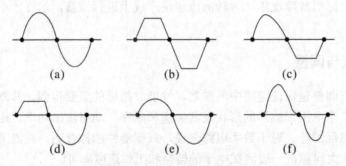

图6.7 正常波形与失真波形

对波形的线性、幅度要求较高的电路,一般都设置有专业电位器或一些补偿性元件来调整。对电视机行、场锯齿波的调整,一般不需要观察波形,而是根据屏幕上棋盘方格信号来调整。通过调整相应的电位器(如行、场线性电位器,幅度电位器)使每个方格大小相等且均匀分布整个画面即可。

3) 波形幅度过大或过小

这种情况主要与电路增益控制元件有关,只要细心测量有关增益控制元件即可排除故障。

4) 电压波形频率不准确

这种情况主要与电路增益控制元件有关，一般都设有可调电感(如空心电感线圈、中周等)或可调电容来改变其频率，只要做适当调整就能得到准确频率。

5) 波形时有时无不稳定

这种情况可能是元件或引线接触不良而引起的。如果是振荡电路，则又可能因电路处于临界状态，对此必须通过调整其静态工作点或一些反馈元件才能排除故障。

6) 有杂波混入

首先要排除外来的干扰，即要做好各项屏蔽措施。若仍未能排除，则可能是电路自激引起的，因此只能通过加大消振电容的方法来排除故障，如加大电路的输入、输出端对地电容，三极管 b、c 间电容，集成电路消振电容(相位补偿电容)等。

五、频率特性的测试与调整

频率特性是电子电路中的一项重要技术指标。电视机接收图像质量的好坏主要取决于高频调谐器及中放通道的频率特性。所谓频率特性是指一个电路对于不同频率、相同幅度的输入信号(通常是电压)在输出端产生的响应。测试电路频率特性的方法一般有两种，即信号源与电压测量法和用扫频仪测量频率特性。

1) 信号源与电压测量法

在电路输入端加入按一定频率间隔的等幅正弦波，并且加入每个正弦波就测量一次输出电压。功率放大器常用这种方法测量其频率特性。

2) 用扫频仪测量频率特性

把扫频仪输入端和输出端分别与被测电路的输入端和输出端连接，在扫频仪的显示屏上就可以看出电路对各点频率的相应幅度曲线。采用扫频仪测试频率特性，具有测试简便、迅速、直观等特点，常用于各种中频特性调试、带通调试。如收音机的 AM465 kHz 和 FM 10.7 MHz 中频特性常使用扫频仪(或中频特性测试仪)来调试。

动态调试的内容还有很多，如电路放大倍数、瞬间响应、相位特性等，而且不同电路要求的动态调试项目也不同，在这里不再一一详述。

六、整机的性能测试与调整

整机调试是把所有经过动静态调试的各个部件组装在一起进行的有关试验，它的主要目的是使电子产品完全达到原设计的技术和要求。由于较多调试内容已在分块调试中完成了，在整机调试时只需要检测整机技术指标是否达到原设计要求即可，若不能达到则再作适当调整。整机调试流程一般有以下几个步骤。

1. 整机外观的检查

主要检查整机外观部件是否齐全，外观调节部件和活动是否灵活。

2. 整机内部结构的检查

主要检查整机内部连线的分布是否合理、整齐，内部传动部件是否灵活，各单元电路板或其他部件与机座是否紧固，以及它们之间的连接线、接插件有没有插漏、插错、插紧等。

3. 对单元电路的性能指标进行复检调试

该步骤主要是针对各单元电路连接后产生的相互影响而设置的，其主要目的是复检各单元电路的性能指标是否有改变，若有改变，则要调整有关元件。

4. 整机技术指标的测试

对已调整好的整机必须进行严格的技术测定，以判断它是否达到原设计的技术要求。如收音机的整机功耗、灵敏度、频率覆盖等技术指标的测定。不同类型的整机有各自的技术指标，并规定了相应的测试方法(按照国家对该类型电子产品规定的方法)。

5. 整机老化和环境实验

通常，电子产品在装配、调试完后还要对小部分产品进行整机老化测试和环境实验，这样可以提早发现电子产品中的一些潜伏的故障，特别是可以发现带有共性的故障，从而对同类型产品能够及早通过修改电路进行补救。

环境实验一般根据电子产品的工作环境而确定具体的实验内容，并按照国家规定的方法进行试验。环境实验一般只对小部分产品进行，常见环境试验内容和方法如下。

1) 对供电电源适应能力试验

对使用交流 220 V 供电的电子产品，一般要求输入交流电压在 220 V±22 V 和频率在 50 Hz±4 Hz 之内，电子产品仍能正常工作。

2) 温度试验

把电子产品放入温度试验箱内，进行额定使用的上、下限工作温度的试验。

3) 振动和冲击试验

把电子产品紧固在专门的振动台和冲击台上进行单一频率振动试验、可变频率振动试验和冲击试验。用木棍敲击电子产品也是冲击试验的一种。

4) 运输试验

把电子产品捆在载重汽车上奔走几十公里进行试验。

第七部分 电子产品的安装与调试实训

一、电子门铃的焊接与装配实训

1. 实训内容

(1) 了解电子门铃的原理, 会分析电子音乐电路原理图。

(2) 训练焊接操作技能, 掌握焊接技术。

(3) 学会检测电子元件的参数。

(4) 由原理图绘制出实际电路的装配图。

(5) 每人装配一套电子门铃。

(6) 经各项指标验收合格后评定成绩。

(7) 写实训报告。

2. 时间安排

本次实训分三节课完成, 具体实训时间安排见表 7.1 所示。

表 7.1 实训时间安排

时间	项 目	要 求
第一节	电子门铃结构部件的认识、检测	掌握电子门铃的工作原理及安装要求
第二节	了解电子元件的参数;按原理图绘制实际的装配图进行安装	学会检测电子元件的参数, 画出合理的装配图进行安装
第三节	调试、验收	按指导书上的要求进行, 是否符合电子门铃的要求, 以正常发声为准

3. 实训要求

(1) 保证时间, 一切按正常上课秩序, 不得随意请假或缺习。

(2) 听从指挥, 注意人身与设备的安全。

(3) 每人一套工具及套件, 丢失或损坏按价赔偿。

(4) 了解音乐门铃的电路图及工作原理; 提高电路的读识能力; 巩固元器件的测试技能; 继续练习简单的焊接技术; 了解电子制品的制作程序和要求, 学会制作音乐门铃。

4. 实训过程

电子门铃是简单的电子设备, 在人们的日常生活中应用比较广泛, 下面就电子门铃的工作原理和组装调试进行简单介绍。

1) 过程与方法

演示现象→作品介绍→元件检测→门铃制作→问题讨论→演示验证。

2) 电路特点及工作原理

音乐门铃演示并对音乐门铃作初步介绍，让学生结合自己所学知识进行讨论，并对电路特点及工作原理作进一步介绍。

语音芯片定义：将语音信号通过采样转化为数字，存储在 IC 的 ROM 中，再通过电路将 ROM 中的数字还原成语音信号。

根据语音芯片的输出方式分为两大类，一种是 PWM 输出方式，另一种是 DAC 输出方式，PWM 输出音量不能连续可调，不能接普通功放，目前市面上大多数语音芯片是 PWM 输出方式。另外一种是 DAC 经内部 EQ 放大，该语音芯片声音连续可调，可数字控制调节，可外接功放。

LX9300 电路原理图如图 7.1 所示。

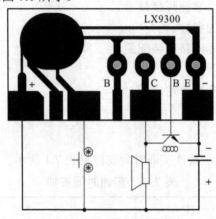

图 7.1　LX9300 电路原理图

每按一下触发开关 SB，乐曲发声器的触发端受到一个直流触发信号，音乐集成块立即起振，并在它的输出端发出乐曲音频信号。音频信号经三极管放大后输送到扬声器，音乐门铃就发出一段乐曲(生日快乐等)。乐曲结束则自动停止，要重新奏出乐曲，必须再次按下触发开关，这时集成块将重复以上工作程序。

触发信号→乐曲发声器→放大器→扬声器

该电路以音乐集成电路为核心元件，通常采用软包装出售(即将音乐集成块焊在印制电路板上，并用胶将它与印制电路板粘牢，使它们成为一体)。制作者只需将三极管、扬声器、按钮开关等元件焊上，一个电子装置即可完成。音乐门铃电路的特点是简单、用途比较广泛、常见型号多样(我们所采用的是最简单的一种)。音乐集成电路常用作音乐门铃，也可用作其他电子趣味制作中的音响电路或用于儿童玩具等。

3) 电路元器件的测试

(1) 判别三极管的基极。

对于 PNP 型三极管，C、E 极分别为其内部两个 PN 结的正极，B 极为它们共同的负极，而对于 NPN 型三极管而言，则正好相反：C、E 极分别为两个 PN 结的负极，而 B 极则为它们共用的正极，根据 PN 结正向电阻小反向电阻大的特性，就可以很方便地判断基极和管子的类型。具体方法如下：将万用表拨在 $R \times 100\ \Omega$ 或 $R \times 1\ \text{k}\Omega$ 挡上。红表笔接触某一管脚，用黑表笔分别接另外两个管脚，这样就可得到三组(每组两次)的读数，当其中一组二次测量都是几百欧的低阻值时，则红表笔所接触的管脚就是基极，且三极管的管型为 PNP 型；如用上述方法测得一组二次都是几十至上百千欧的高阻值时，则红表笔所接触的管脚即为基极，且三极管的管型为 NPN 型。

(2) 判别三极管的发射极和集电极。

由于三极管在制作时，两个 P 区或两个 N 区的掺杂浓度不同，如果发射极、集电极使用正确，三极管具有很强的放大能力。反之，如果发射极、集电极互换使用，则放大能力非常弱，由此即可把管子的发射极、集电极区别开来。

在判别出管型和基极 B 后，可用下列方法之一来判别集电极和发射极。

① 将万用表拨在 $R \times 1\,\Omega$ 挡上。用手将基极与另一管脚捏在一起(注意不要让电极直接相碰)，为使测量现象明显，可将手指湿润一下，将红表笔接在与基极捏在一起的管脚上，黑表笔接另一管脚，注意观察万用表指针向右摆动的幅度。然后将两个管脚对调，重复上述测量步骤。比较两次测量中表针向右摆动的幅度，找出摆动幅度大的一次。对 NPN 型三极管，则将黑表笔接在与基极捏在一起的管脚上，重复上述实验，找出表针摆动幅度大的一次，这时黑表笔接的是集电极，红表笔接的是发射极。

这种判别电极方法的原理是利用万用表内部的电池，给三极管的集电极、发射极加上电压，使其具有放大能力。手捏其基极、集电极时，就等于通过手的电阻给三极管加一正向偏流，使其导通，此时表针向右摆动幅度就反映出其放大能力的大小，因此可正确判别出发射极、集电极来。

② 将万用表拨在 $R \times 1\,\Omega$ 挡上，将万用表两个表笔接在管子的另外两个管脚，用舌头舔一下基极，看表针指示，再将表笔对调，重复上述步骤，找出摆动大的一次。对与 PNP 型三极管，红表笔接的是集电极，黑表笔接的是发射极；而对于 NPN 型三极管，黑表笔接的是集电极，红表笔接的是发射极。

(3) 喇叭的测量。

把万用电表的功能挡旋到"Ω"挡，量程挡旋到 $R \times 1\,\Omega$ 挡，用红、黑表笔去任意触碰喇叭音圈的两端点，能听到"咯、咯……"声。

(4) 电池的测量。

测量干电池的电压时，把万用表的功能挡旋转到"V"直流电压挡，量程挡旋转到"2.5 V" 直流挡，用黑表笔去接触干电池的锌铜，用红表笔去接触干电池的碳棒，测出其电压。

4) 电路焊接工具及器件

(1) 工具：万用表、剥线钳、电烙铁、螺丝刀等。

(2) 接线：用焊接技术按实物图正确接线；注意点(焊技、温度控制、零件引脚间的正确配接等)。

(3) 线路板型号：LX9300。

规格：22 mm×11.5 mm。

板厚：1.0 mm。

功能：单音三声门铃声音。

(4) 装配零件清单。

塑料前盖×1 只，电源线×1 套，塑料后盖×1 只，电池弹簧×5 根，塑料按钮壳×

1 只，按钮垫片×1 根，塑料按钮×1 只，按钮弹簧×2 只，音乐片×1 片，螺丝×5 只，喇叭×1 只，三极管 S9013×1 只。

二、LED 节能灯的焊接与装配实训

1. 实训目的

通过实训加强学生对所学理论知识的理解；强化学生的技能练习，使其能够掌握电子技术应用的基本理论、技能、技巧；加强动手能力及劳动观念的培养；尤其是培养学生对所学专业知识的综合应用能力及认知素质等方面的能力。

(1) 熟悉常用电子元器件。

(2) 掌握常用电子元器件的测试方法。

(3) 掌握不同电子元器件的测量及焊接方法。

(4) 掌握印制电路板的制作工艺。

2. 所需元件

(1) 常用电子元器件如二极管 4 个、电阻 3 个、电容 2 个、LED 灯 38 个。

(2) 万用表一块。

(3) 电烙铁一把(20～30 W)。

(4) 敷铜板一块。

3. 基本要求

(1) 识别电子元器件种类，熟悉三极管等器件的特性参数，并能根据电路需要进行选用电子元器件，电阻器、电容器的认读及测量。

(2) 掌握检查常用电子元器件好坏的方法。

如三极管，二极管，不同阻值的电阻器及不同容量的电容器，不同种类的电阻器、电容器等。

(3) 焊接基本练习。

① 建立基本单元电路，会根据原理图正确安装焊接。

② 元件焊点平滑光亮、均匀、无毛刺，直径在 2 mm(根据情况)以内。

③ 焊接手法快速，无虚焊、假焊、脱焊、堆焊等现象。

④ 无焊接时烧坏元件的现象。

⑤ 元器件的拆焊迅速，会进行拆焊操作。

⑥ 器件弯脚插接、布局符合要求。

4. 实训内容

该灯使用 220 V 电源供电，220 V 经电容 C_1 降压电容降压后，经全桥整流再通过 C_2 滤波后，经限流电阻 R_3 给串联的 38 颗 LED 灯提供恒流电源。

LED 灯的额定电流为 20 mA，R_1 是保护电阻，R_2 是电容 C_1 的泄放电阻，R_3 是限流电阻，防止电压升高和温度升高，LED 的电流增大。

C_2 是滤波电容，用来防止开灯时的冲击电流对 LED 的损害。

开灯的瞬间因为 C_1 的存在会有一个很大的充电电流，该电流流过 LED 将会对 LED 产

生损害，有了 C_2 的介入，开灯的充电电流完全被 C_2 吸收，起到了开关防冲击保护的作用。

LED 灯原理图和 PCB 图分别如图 7.2 和图 7.3 所示。

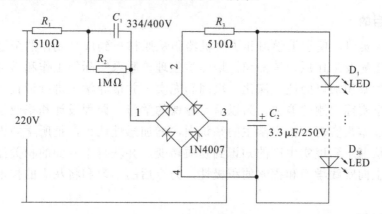

图 7.2　LED 灯原理图

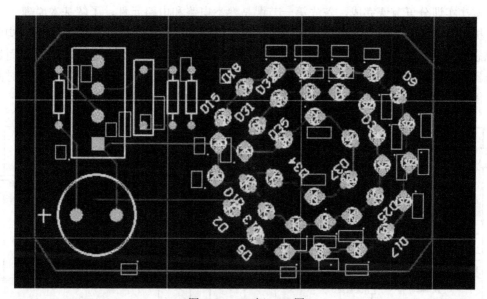

图 7.3　LED 灯 PCB 图

5. 焊接与安装

安装 LED：将电路板安装面朝上，将 LED 灯极性放好。

焊接：焊接要用 30 W 的电烙铁并可靠接地，焊接温度控制在 240 ℃以内，时间不能超过 2 s。焊好后修剪掉长出的引脚，这样灯板就焊好了。

组装电源：由于灯板的空间有限，元器件要进行元件处理以方便安装。

以上步骤完成后进行接线测试和电流调试。

6. 注意事项

对 LED 进行焊接时要注意其极性为引脚长的一端为正极、电容的极性和整流桥的极性。焊接时注意焊点的大小，不要虚焊、假焊等。还要合理放置元器件，由于空间有限，电容的体积大，所以放置要适当。

三、机器猫的焊接与装配实训

1. 实训目的

通过本次实训，使学生学习和了解机器猫从原材料到成品制作的全过程以及各种电子元件的搭配及工作原理等知识，培养学生理论联系实际的工作和学习作风，以及生产中将科学知识加以验证、深化、巩固和充实。并培养学生进行调查、研究、分析和解决电工学实际问题的能力，为以后专业课的学习、课程设计和毕业设计打下坚实的基础。通过本次实习，拓宽学生的知识面，增加感性认识，把所学知识条理化、系统化，学会从书本到现实生产的知识到物质转变，并获得本专业的相关技术和发展信息，激发学生向实践学习和探索的积极性，为今后的学习和将从事的技术工作打下坚实的基础。

2. 实训过程

本次实训分五节课完成，首先第一节课是熟悉电路和电路元件，了解基本原理。

机器猫是声控、光控、磁控机电一体化的电动玩具。主要工作原理：利用 555 构成的单稳态触发器，在三种不同的控制方法下，均给以低电平触发，促使电机转动，从而达到了机器猫停走的目的，即拍手即走、光照即走、磁铁靠近即走，但都只是持续一段时间后就会停下，再满足其中一条件时将继续行走。机器猫的电路原理图如图 7.4 所示。

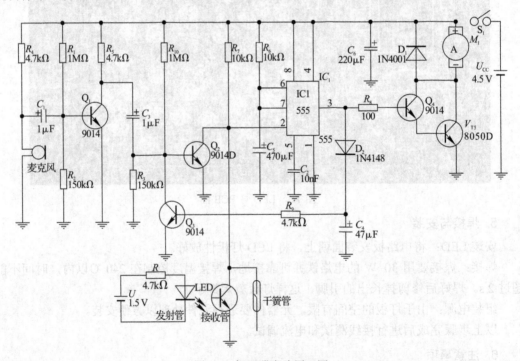

图 7.4　机器猫电路原理图

应用到的电子元件有电阻器、电解电容器、瓷介电容器、二极管、三极管、声敏传感器、红外接收管、磁敏传感器等。其中电阻读法为：以开头是密集的一端或者色线比较细的一端开始读，其中黑、棕、红、橙、黄、绿、蓝、紫、灰、白代表0～9。五环是第四位为10的几次方(以颜色定)，四环的是第三位，最后一位为估读值可忽略。电容一般是长腿为正(如不确定可用万用表测量)。对于555定时器，有圆圈的为1号脚。其工作原理是：内部主要有两个比较器。其参考电压由分压器提供，在电源和地之间加载U_{CC}电压，并让5脚悬空时，上比较器C_1的参考电压为$(2/3)U_{CC}$，下比较器C_2为$(1/3)U_{CC}$。单稳态触发器电路平时(即触发信号未到来时)总是处于一种稳定状态。在外来触发信号的作用下，它能翻转成新的状态。但这种状态是不稳定的，只能维持一定时间，因而称之为暂稳态(简称暂态)(类似01信号电压)。

3. 电子元器件的安装

第二节至第五节课是电路板的电子元器件焊接和机器猫组装，依据设计好的电路板，将各种电子元件依据要求焊接在电路板上，机器猫的PCB图如图7.5所示。

印制板的安装要求如下：

(1) 元器件的检测。

全部元器件安装前必须进行测试。

(2) 印制电路板的焊接。

将元器件全部卧式焊接，注意二极管、三极管及电解电容的极性。

(3) 焊接时应当注意电路的短路和断路，既要焊结实，又不能使两个相邻的触点相接触，同时注意用电安全和电烙铁使用安全，防止烫伤自己和电路漏电等。

(4) 焊接时应当注意小心焊接，不要将铜片触点焊下来和将电路板焊坏，焊的地方不能用小刀切割，防止将电路断路。

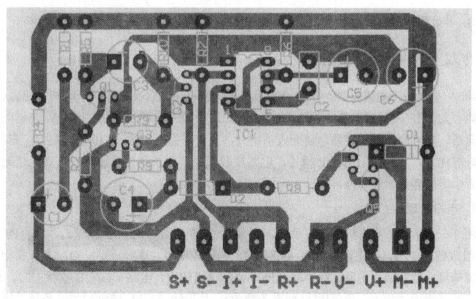

图7.5　机器猫的PCB图

4. 整机装配与调试

在连线之前，应将机壳拆开，避免烫伤及其他损害，并保存好机壳和螺钉。

(1) 电动机：打开机壳，电动机(黑色)已固定在机壳底部。电动机负极与电池负极有一根连线，改装电路，将连在电池负极的一端焊下来，改接至线路板的"电动机－"(M－)，由电动机正端引一根线 J1 到印制板上的"电动机＋"(M＋)。音乐芯片连接在电池负极的那一端改接至电动机的负极，使其在猫行走的时候才发出叫声。

(2) 电源：由电池负极引一根线 J2 到印制板上的"电源－"(V－)。"电源＋"(V＋)与"电机＋"(M＋)相连，不用单独再接。

(3) 磁控：由印制电路板上的"磁控＋、－"(R+、R-)引两根线 J3、J4，分别搭焊在干簧管(磁敏传感器)两端，放在猫后部，应贴紧机壳，便于控制，且干簧管没有极性。

(4) 红外接收管(白色)：由印制电路板上的"光控+、-"(I+、I-)引两根线 J5、J6 搭焊到红外接收管的两个管腿上，其中一条管腿套上热缩管，以免短路，导致打开开关后猫一直走个不停。红外接收管放在猫眼睛的一侧并固定住。应注意的是红外接收管的长腿应接在"I-"上。

(5) 声控部分：屏蔽线两头脱线，一端分正负(中间为正，外围为负)焊到印制电路板上的 S+、S-；另一端分别贴焊在麦克风(声敏传感器)的两个焊点上，但要注意极性，且麦克易损坏，焊接时间不要过长，焊接完后麦克风安装在猫前胸。

(6) 通电前检查元器件的焊接及连线是否有误，以免造成短路、烧毁电机、发生危险。尤其注意在装入电池前测量"电源-"(V-)、"电源+"间是否短路，并注意电池极性。

(7) 组装：简单测试完成后再组装机壳，注意螺钉不宜拧得过紧，以免塑料外壳损坏。

(8) 装好后，分别进行声控、光控、磁控测试，均有"走—停"过程即算合格。

四、半双工对讲机的焊接与装配实训

986A 型半双工对讲机是一款专用的对讲机，半双工的含义是在同一时刻只能"收信"或只能"发信"，发射频率是 49.8 MHz，2 套对讲机构成一对，使用时用 9 V 叠层电池，电路简洁，整机制作比较容易，装配成功率高，具有遥控距离远(达 100 m 以上)，声音大，音质好等优点。本套件采用 DIP 插件，电路板较紧凑，要求制作者细心、认真，是无线电爱好者学习的理想实验套件。

1. 电路原理

图 7.6 是半双工对讲机电路原理图。三极管 Q_1 和耦合可调电感线圈 T_1、电容器 C_4、C_2 等组成振荡电路，产生频率约为 49.8 MHz 的载频信号。Q_2、Q_3、Q_4、Q_5 和相关电阻电容等组成低频放大电路。扬声器 SPK1 兼作话筒使用。电路工作在接收状态时，将收/发转换开关置于"接收"位置(默认状态为接收)，从天线 ANT1 接收到的信号经天线匹配电感 L_1、再经可调耦合电感线圈 T_1、电容器 C_4、C_2 及 T_1 次级线圈等组成的检波电路进行检波。检波后的音频信号，经 T_1 次级线圈中心抽头耦合到低频放大器的输入端，经放大后由电容器 C_{17} 耦合推动扬声器 SPK1 发声。电路工作在发信状态时，S_2 收／发转换开关按下

置于"发信"位置，由扬声器将话音变成电信号后由电容器 C_{17} 耦合到 Q_2、Q_3、Q_4、Q_5 和相关电阻电容等组成低频放大电路放大后，经耦合可调电感的中心抽头将信号加到振荡管 Q_1 进行信号调制，使该管的 bc 结电容随着话音信号的变化而变化，而该管的 bc 结电容是并联在 T_1 次级两端的，所以振荡电路的频率也随之变化，实现了调制的功能，并将已调波经 T_1 及 L_1 从天线发射出去。

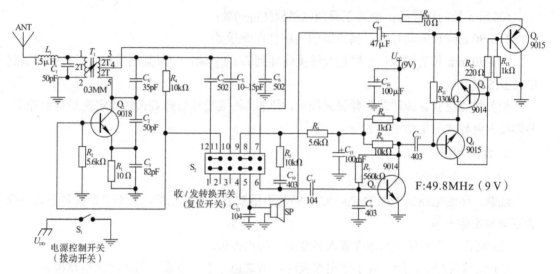

图 7.6　半双工对讲机电路原理图

2. 焊接安装

该电路中使用的元器件较小，制作时把所有的元器件放到一个容器中，防止丢失。要认真识别参数，保证正确插装。图 7.7 是半双工对讲机印刷电路图。用手拿电路板时请拿边，不要拿面，防止因手的油污影响电路板焊接性能。

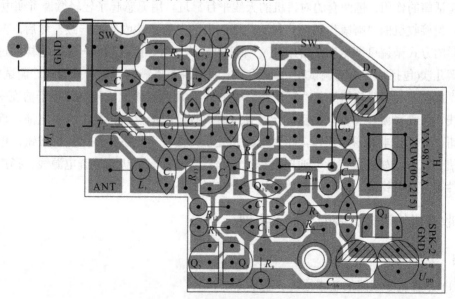

图 7.7　半双工对讲机印刷电路图

所有的元器件应立式插装，紧贴电路板，不要留脚过长。电解电容器、三极管插装时注意极性。焊接好的元器件不要弯倒，立式安置。电路板上跳线 J1 用焊接电阻后剪下电阻腿代替，还需一金属线把拨动开关的上端(外壳)与电路板上(SW1)处连接起来。套件中 6 条导线，分别是按如下连接方式接入电路中：

120 mm 长的白导线：电池负极到电路板(GND-)处；

100 mm 长的红导线：电池正极到电路板(U_{DD}+)处；

2 根 80 mm 长的黄导线：扬声器的两端到电路板处；

2 根 50 mm 长的导线：一根是天线接线耳到 L_1 的一端；一根蓝色是拨动开关中间端到电路板(SW$_2$)处。

把天线黑色套管旋转装到弹簧天线上，用螺丝将接线耳与弹簧天线固定在塑料前壳中，并焊接白色导线与电路板上 L_1 处。

3. 详细制作过程

(1) 检查全套散件是否齐备。

注意：印制电路板上面的 R_{10}、C_7、SW$_4$ 不用安装，没有元件，请不要误解是差元件或者资料与实物不符。

(2) 制作时把所有的元器件置入容器中，防止丢失。

(3) 安装过程中，操作者手拿电路板时，请拿边，不要拿面，防止污染电路板。

4. 调试与组装

量两套套件焊接完后，认真检查无错误后，可分别接入 9 V 叠层电池，旋转拨动开关按钮，可以使电路通电工作。不按动"复位开关按钮"，电路处于"接收"状态，扬声器可以听到"丝丝"的声音；把另外一套的复位按钮按下，使其工作在"发信"状态，这时扬声器起话筒的作用，把两套的对讲机的天线平行靠近，用无感起子轻轻微调可调电感 T_1 的磁芯，使接收机的"嘟嘟"啸叫声最大，即两者的发射、接收频率一致。然后，两套互换按同样的方式微调可调电感 T_1 的磁芯，保证两者的发射、接收频率一致。这样的过程要相互微调几次(包括拉开距离调试)，保证两套之间对讲距离最远，声音最清晰。调试成功后，装好"拨动开关塑料旋钮"和"复位开关塑料钮"，用两颗螺丝固定电路板于前壳中，清理好导线，用 5 颗螺丝将前、后盖固定。使用时，打开电池盒盖，装上 9 V 电池，旋转拨动开关钮，可以让电路通电工作，平时电路是处于"接收"状态，按下复位按钮，电路处于"发信"状态。如果安装后，通电没有"丝丝"的声音，请认真检查电源线、扬声器线、元器件等有没有错焊、短路等故障，检查一定要细心。

五、收音机的焊接、装配与调试实训

1. 实训目的

(1) 掌握电子线路的基本原理、基本方法。

(2) 掌握通过电路图安装与调试技术。

(3) 通过具体的电路图，初步掌握简单电路元件的装配、初步的焊接技术及对故障的的诊断和排除。

(4) 能根据课程要求，查阅相关资料。

(5) 对收音机原理和直流稳压电源原理有初步的了解。

2. 实训内容

(1) 学习识别简单的电子元件与电子线路。

(2) 学习并掌握收音机的工作原理。

(3) 按照图纸焊接元件，组装一台收音机，并掌握其调试方法。

3. 实训器材

(1) 电烙铁：由于焊接的元件多，所以使用的是内热式电烙铁，功率为 20 W，烙铁头是铜制。

(2) 螺丝刀、镊子等必备工具。

(3) 松香和锡，由于锡的熔点低，焊接时，焊锡能迅速散布在金属表面焊接牢固，焊点光亮美观。

(4) 两节 5 号电池。

(5) ds05-7b 收音机套件。

4、收音机的工作原理

无线电广播所传递的信息是语音和音乐。语音和音乐的频率很低，称为音频信号。话筒把语音转换成低频电信号后，不能直接用电磁波的形式辐射到空间中去，必须用高频信号载着低频信号发射和传播。所以发射台必须对音频信号进行调制，收音机必须对所接收的信号进行相应的解调。调制的方式有很多，最常用的调制方式是调幅和调频。调幅是由一个低频信号对高频载波的幅度进行调制，这种方式形成的无线电波，其频率是固定的，而载波幅度随着低频信号随时改变。调频是由一个低频信号对一个高频载波的频率进行调制，这种方式形成的无线电波，其载波幅度保持不变，而载波的频率随低频信号而随时改变。

世界上大多数国家都采用超外差式收音机，我国也采用超外差式收音机，我国标准规定调幅收音机的中频为 465 kHz，调频收音机的中频为10.7 MHz。

收音机就是把从天线接收到的高频信号经检波(解调)还原成音频信号，送到耳机变成音波。超外差式调幅收音机由输入回路、本机振荡电路、混频电路、中频放大电路、检波电路、自动增益控制电路(AGC)、音频功率放大电路及扬声器组成，如图 7.8 所示。

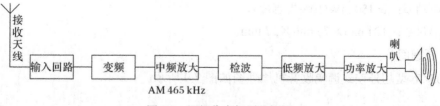

图 7.8　调幅收音机原理框图

从天线(磁棒具有聚集电磁波磁场的能力,而天线线圈是绕在磁棒上)接收到的许多广播电台的高频信号,通过输入回路(为串联谐振回路,具有选频作用)选出其中所需要的电台信号送入变频级的基极,同时,由本机振荡器产生高频等幅波信号,它的频率高于被选电台载波465 kHz,也送于变频级的发射极,二者通过晶体管 be 结的非线性变换,将高频调幅波变换成载波为 465 kHz 的中频调幅波信号。在这个变换过程中,被改变的只是已调幅波载波的频率,而调幅波的振幅的变化规律(调制信号即声音)并未改变。变换后的中频信号通过变频级集电极接的 LC 并联回路选出载波为 465 kHz 的中频调幅信号,被送到中频放大器,经调谐放大后,再送入检波器进行幅度检波,从而还原出音频信号,然后通过低频电压放大和功率放大,再去推动扬声器,还原出声音。

调幅收音机的组成部分及其作用如下:

① 天线:用来接收无线电广播信号。

② 输入调谐回路:输入回路由天线线圈和可变电容构成,用于选台、匹配,并放大所接收的高频信号。

③ 本机振荡器:简称本振,本振回路由本振线圈和可变电容以及三极管构成,用于产生等幅的高频振荡信号。

④ 混频器:本振信号和从天线接收的高频信号(或无线电广播信号)在混频器中混合,取出其差频即调幅中频信号 465 kHz。

⑤ 中频放大器:简称中放,一般由 2～3 级调谐放大器组成,用于对中频信号进行放大。其中,中放电路的增益受 AGC 自动控制,以保持在电台信号强度不同时,自动调节增益,获得一致的收听效果。

⑥ 检波器:主要由检波二极管或三极管与电容器组成,用于将音频信号从调幅信号中取出。

⑦ 音频功率放大电路:用于对音频信号进行低频放大和功率放大,以驱动扬声器发音。

⑧ 扬声器:用于将音频电信号转变成声音信号辐射到空间。

5. 产品参数

频率范围:535～1605 kHz。

中频频率:465 kHz。

灵敏度:≤1.5 mV/m(26 dBs/n)。

选择性:≥20 db±9 kHz。

工作电压:3 V(2 节 5 号电池)。

静态电流:无讯号时≤20 mA。

输出功率:≥180 mW(10%失真度)。

外形尺寸:124 mm×76 mm×27 mm。

6. 原理图

ds05-7b 型超外差式调幅收音机原理图如图 7.9 所示。

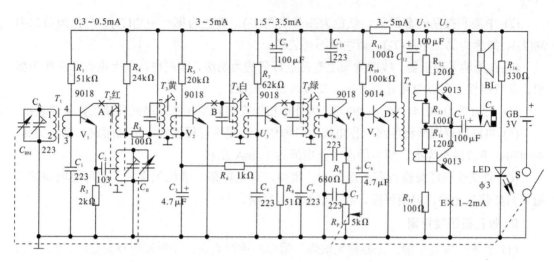

图 7.9　调幅收音机的原理图

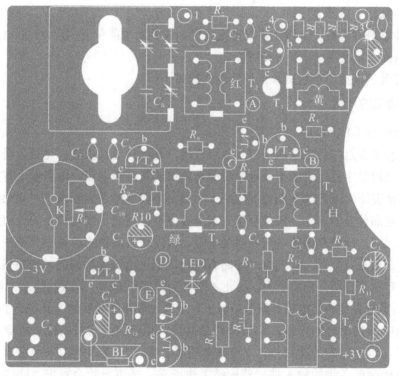

图 7.10　调幅收音机的印制电路板图

7. 印制电路板

ds05-7b 型超外差式调幅收音机的印制电路板如图 7.10 所示。

8. 收音机安装注意事项

(1) ds05-7b 型套件为 3 V 低压全硅管袖珍式七管超外差式收音机,外形尺寸为 124 mm ×76 mm×27 mm。为使初学者能一次装配成功、少走弯路,务必请在动手装配前仔细阅读该"装配说明"。

(2) 中周和振荡一套四只。红色为振荡线圈(T_2)、黄色为第一中周(T_3)、白色为第二中周(T_4)、绿色为第三中周(T_5)，请注意不要装错。

(3) T_6为输入变压器。线圈骨架上有凸点标记的为初级，印制电路板上也有圆点作为标记，其线路板上可以很明显得看出，安装时切勿装反。

(4) 三极管为9014、9018、9013。因外形相似安装时须仔细对照元件装配，不要装错。

(5) 电路原理图所标各级工作电流为参考值，装配中可根据实际情况而定，以不失真、不啸叫、声音洪亮为准。整机静态工作电流约 11 mA 左右。

(6) 调试前应仔细检查有无虚、假、错焊，有无短路，确认无误后，即可通电调试。通常只要装配无误、焊接可靠、装上电池即可唱响。

9. 收音机组装指南

(1) 要求：安装正确。元器件无缺焊、错焊，连接无误，印制板焊点无虚焊、桥接等。

(2) 组装要领。

① 耐心细致、冷静有序。

② 按步骤进行检测，一般由后级向前检测，先判定故障位置(用信号注入法)。再查找故障点(用电位法)，循序渐进，排除故障。

③ 忌讳乱调乱拆、盲目烫焊，导致越修越坏。

10. 收音机的调试

1) 调整静态工作点

测量静态工作点的顺序是从末级功放级开始，逐级向前级推进。测量各级电路静态工作点的方法是用数字万用表的直流电流挡测量各级的集电极电流，电路板上有对应的开路缺口。正常情况下可通过改变偏置电阻的大小使集电极电流达到要求值。如果集电极电流过小，一般是晶体管的 E、C 极接反了，或偏置电路有问题，或是管子的 β 值过低。如果集电极电流过大，应检查偏置电阻和射极电阻，否则是晶体管的 β 值过大或损坏。若无集电极电流，一般是 E、C、B 的直流通路有问题。无论出现哪种问题，应根据现象结合电路构成及原理认真分析，找出原因，如此才能得到锻炼和提高。各级的静态工作点(集电极电流)正常后需把各级的集电极开路缺口焊上，这时一般都能收听到本地电台的广播了。

如果收听不到电台的广播，则应采用信号注入法(或称干扰法)检查故障发生在哪一级，方法是：用万用表的欧姆挡，一支表笔接地，用另一支表笔由末级功放开始，由后向前依次瞬间碰触各级的输入端，若该级工作正常，扬声器就会发出"咔咔"声。碰触到哪一级输入端若无"咔咔"声，说明后级正常，而故障可能发生在这一级，应重点检查这一级。在这一级工作点正常的情况下，一般是元件错焊、漏焊造成交流断路或短路，使传输信号中断。

如果从天线输入端注入干扰信号，扬声器有明显的反应，而收听不到电台的广播，一般是本振电路不工作、或天线线圈未接好(如漆包线的漆皮未刮净)造成的，应检查本振电路和天线线圈。如果出现声音时有时无。一般是元件虚焊或元件引脚相碰造成的。当静态电流正常，并能接收到电台信号且有声音后，才能进行中频调试。

2) 调整中频

(1) 用广播电台调中频。

调整中频的目的是使三个中周变压器(中频调谐回路)的谐振频率调整为固定的中频频率 465 kHz。

若无调中频的仪器设备，就用广播电台的播音调中频，调整的方法是在中波段高频端选择一个电台(远离 465 kHz)，先将双联电容器振荡联的定片对地瞬间短路，检查本振电路工作是否正常，若将振荡联短路后声音停止或显著变小，说明本振电路工作正常，此时调中频才有意义。用无感改锥由后级向前级逐级调中频变压器(中周)的磁芯，即先调 T_5，再调 T_4 和 T_3。边调边听声音(音量要适当)，使声音最大，如此反复调整几次即可。

调节中频变压器(中周)的磁芯时应注意：不要把磁芯全部旋进或旋出，因为中频变压器出厂时已调到 465 kHz，接到电路后因分布参数的存在需要调节，但调节范围不会太大。

(2) 用扫频仪调中频。

① 首先将双联电容的振荡联的定片对地短路，使本机振荡停振。

② 按照 1.2.2 设置标志频率的方法对扫频仪进行标志频率的设置，使 A、B、C、D、E 各挡分别设置为：465 kHz、525 kHz、600 kHz、1500 kHz 和 1640 kHz。

③ 扫频仪的射频(RF)输出信号输入给收音机的输入回路(即由双联电容器输入联的定片对地输入射频信号)。扫频仪的 Y 轴输入接至被测收音机的检波器输出端(即取自音量电位器 W 两端)。音量电位器应旋到音量最小位置。

④ 扫频仪的输出衰减器应大于 70 dB、Y 轴增益置于最大。"垂直位移"旋钮的位置应使在屏幕上的扫迹容易观察。

⑤ 用无感改锥由后级向前反复调节各中频变压器的磁芯，使扫频仪显示的 465 kHz 标志频率点 f_0 幅值最大，并且应使其左右对称。中频幅频特性曲线如图 7.11 所示。至此中频调整完毕。

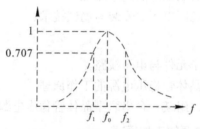

图 7.11 中频幅频特性曲线

3) 调整频率覆盖

频率覆盖是指双联电容器的动片全部旋进定片(对应低频端)，至双联电容器的动片全部旋出(对应高频端)所能接收到的信号频率的范围。中波段频率覆盖范围为 535～1605 kHz，留有余地的话中频覆盖应调整在 525 kHz～1640 kHz。

调整时装上一个刻度盘，使双联可变电容全部旋进和旋出指针分别在刻度盘 530 kHz～1630 kHz 的线上，旋动双联可变电容器使指针对准 640 kHz 刻度，收听 640 kHz 电台(中央人民广播电台)广播，用无感起子反复旋动振荡线圈的磁芯，使声音最响为止，旋动双联可变器电容使指针对准 1500 kHz 刻度附近，接听 1500 kHz 附近电台广播。反复调整振荡回

路微调电台 C_3，使声音最响为止。如此高端、低端反复调整几次。

4）调整频率跟踪

超外差式收音机是将接收到的信号与本机振荡信号在混频器中混频后得到一个固定的中频信号，然后送入中频放大器放大。理想的情况是在整个波段内本机振荡频率都能跟随输入信号的频率变化(本振频率高于输入信号频率 465 kHz)，差频均应为 465 kHz。本机振荡频率跟随输入信号的频率的变化叫做同步跟踪。同步跟踪是由输入回路和本振回路中的同轴双联可变电容器同步旋转来实现的，目的使本机振荡频率在接收频率范围（中波段 535～1650 kHz）内比外来信号频率高 465 kHz，即本机振荡频率范围为 1000 kHz～2070 kHz。因此，采用电容相同的双联可变电容器进行同步调节，通常在所选频范围内的高、中、低三点进行跟踪，即三点统调。

在低频端接收一个本地区已知载波频率的电台(如 640 kHz)，调节频率旋钮对准该台的频率刻度，然后调节本振线圈磁芯，使该台的音量最大。

再在高频端选择一个本地区已知载波频率的电台(如 1467 kHz)，调节频率旋钮对准该台的频率刻度，然后调节本振回路的补偿电容(半可变电容)，使其音量最大。

然后再返回到低频端重复前面的调试，反复两、三次即可。其基本方法可概括为：低端调电感、高端调电容。

中端调整在 1000 kHz 附近收听广播，使声音最响，此时调整双联电容器动片中的花片，拨动片距。若拨动花片时，音量减小，则中端不失谐，将花片拨回原处；若音量增大，还需再拨动花边进行补偿，直至音量最大。

六、串联型晶体管稳压电源的制作实训

1. 实训目的

(1) 掌握串联型晶体管稳压电源的基本原理。

(2) 掌握串联型晶体管稳压电源的安装与调试技术。

2. 实训内容

(1) 学习识别简单的电子元件与电子线路。

(2) 学习并掌握串联型晶体管稳压电源的工作原理。

(3) 按照图纸焊接元件，组装一台串联型晶体管稳压电源，并掌握其调试方法。

3. 串联型晶体管稳压电源的工作原理

电子设备一般都需要直流电源供电。这些直流电除了少数直接利用干电池和直流发电机外，大多数是采用把交流电(市电)转变为直流电的直流稳压电源。

直流稳压电源由电源变压器、整流、滤波和稳压电路四部分组成，其框图如图 7.12 所示。电网供给的交流电压 U_1(220 V，50 Hz)经电源变压器降压后，得到符合电路需要的交流电压 U_2，然后由整流电路变换成方向不变、大小随时间变化的脉动电压 U_3，再用滤波器滤去其交流分量，就可得到比较平直的直流电压 U_i。但这样的直流输出电压，还会随交流电网电压的波动或负载的变动而变化，在对直流供电要求较高的场合，还需要使用稳压电路，以保证输出直流电压更加稳定。

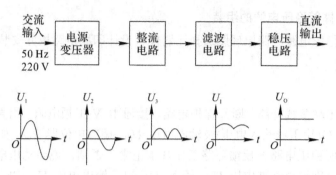

图 7.12 直流稳压电源框图

图 7.13 是串联型稳压电源的方框图，图 7.14 是由分立元件组成的串联型稳压电源的电路图。其整流部分为单相桥式整流电路，滤波采用电容滤波电路。稳压部分为串联型稳压电路，它由调整元件(晶体管 T_1)，比较放大器 T_2、R_7，取样电路 R_1、R_2、R_W，基准电压 R_3、D_W 和过流保护电路 T_3 管及电阻 R_4、R_5、R_6 等组成。整个稳压电路是一个具有电压串联负反馈的闭环系统，其稳压过程为：当电网电压波动或负载变动引起输出直流电压发生变化时，取样电路取出输出电压的一部分送入比较放大器，并与基准电压进行比较，产生的误差信号经 T_2 放大后送至调整管 T_1 的基极，使调整管改变其管压降，以补偿输出电压的变化，从而达到稳定输出电压的目的。

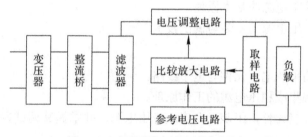

图 7.13 串联型稳压电源的方框图

由于在稳压电路中，调整管与负载串联，因此流过它的电流与负载电流一样大。当输出电流过大或发生短路时，调整管会因电流过大或电压过高而损坏，所以需要对调整管加以保护。在图 7.14 电路中，晶体管 T_3、R_4、R_5、R_6 组成限流型保护电路。

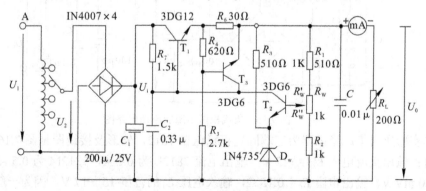

图 7.14 串联型稳压电源电路原理图

4. 串联型晶体管稳压电源的组装

根据串联型稳压电源电路原理图选择元器件、设计印刷电路板并安装。

5. 性能测试

1) 初测

稳压电路输出端负载开路，断开保护电路，接通 14 V 工频电源，用直流电压表测量滤波电路输出电压 U_I(稳压器输入电压)及输出电压 U_o。调节电位器 R_W，如果 U_o 能跟随 R_W 线性变化，这说明稳压电路各反馈环路工作基本正常。否则，说明稳压电路有故障，应进行检查。此时可分别检查基准电压 U_Z，输入电压 U_i，输出电压 U_o，以及比较放大器和调整管各电极的电位(主要是 U_{BE} 和 U_{CE})，分析它们的工作状态是否都处在线性区，从而找出不能正常工作的原因。排除故障以后就可以进行下一步测试。

2) 测量输出电压可调范围

使 R_W 动点在中间位置附近时 $U_0=9$ V，调节负载使输出电流 $I_o=100$ mA。再调节电位器 R_W，测量输出电压可调范围 $U_{omin} \sim U_{omax}$。

七、集成稳压电源的制作实训

1. 实训目的

(1) 掌握集成稳压电源的基本原理。

(2) 掌握集成稳压电源的安装与调试技术。

2. 实训内容

(1) 学习识别简单的电子元件与电子线路。

(2) 学习并掌握集成稳压电源的工作原理。

(3) 按照图纸焊接元件，组装一台集成稳压电源，并掌握其调试方法。

3. 集成稳压电源的组装

集成稳压电源的原理电路图如图 7.15 所示。

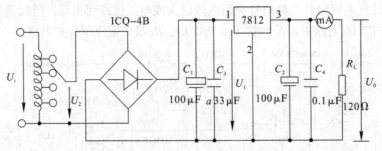

图 7.15 集成稳压电源的原理电路图

本实验所用集成稳压器为三端固定正稳压器 7812，外形及接线图见图 7.16。它的主要参数有：输出直流电压 $U_o=+12$ V，输出电流 7812L 为 0.1 A，7812M 为 0.5 A，电压调整率为 10 mV/V，输出电阻 $R_o=0.15$ Ω，输入电压 U_i 的范围 15～17 V。因为一般 U_i 要比 U_o 大 3～5 V，才能保证集成稳压器工作在线性区。

除固定输出三端稳压器外，尚有可调式三端稳压器，后者可通过外接元件对输出电压进行调整，以适应不同的需要。

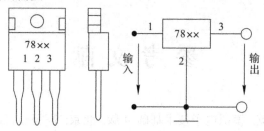

图 7.16　78 系列外形及接线图

4. 性能测试

1) 初测

接通工频 14 V 交流电压，测量 U_2 值，用直流电压表测量滤波电路输出电压(亦为集成稳压器的输入电压)U_i，集成稳压器的输出电压 U_o，它们的数值应与理论值大致符合，否则说明电路出了故障。设法查找故障并加以排除。

电路经初测进入正常工作状态后，才能进行性能指标的测试。

2) 性能指标测试

输出电压 U_o 和最大输出电流 I_{omax}：在输出端接负载电阻 $R_L = 120\ \Omega$，由于 7812 输出电压 $U_o = 12$ V，因此流过 R_L 的电流为 $I_{omax} = 100$ mA。这时 U_o 应基本保持不变，若变化较大则说明集成电路性能不良。

八、综合电路设计与制作实训

1. 任务

设计和制作一个完整的电路，产生 1 kHz 的正弦信号，并将其放大到 1～10 W 输出(应包括正弦信号发生器、功率放大电路和稳压电源电路)，进行现场测试并写出设计报告。

2. 要求

正弦信号发生器的频率误差应小于±10%；功率放大电路的输出功率应大于 1 W，小于 10 W，波形失真小于 0.5%。

参 考 文 献

[1] 童诗白，华成英. 模拟电子技术基础. 4 版. 北京: 高等教育出版社，2006

[2] 康华光. 电子技术基础. 4 版. 北京： 高等教育出版社，1998

[3] 秦曾煌. 电工学(上册). 6 版. 北京：高等教育出版社，2004

[4] 秦曾煌. 电工学(下册). 6 版. 北京：高等教育出版社，2004

[5] 孙肖子. 模拟电子电路及技术基础. 2 版. 西安：西安电子科技大学出版社，2008

[6] 叶致诚等. 电子技术基础实验. 北京：高等教育出版社，1995

[7] 章忠全. 电子技术基础: 实验与课程设计. 北京：中国电力工业出版社，1999

[8] 谢自美. 电子线路设计、实验、测试. 武汉：华中理工大学出版社，1994

[9] 蔡忠法. 电子技术实验与课程设计. 杭州：浙江大学出版社，2003

[10] 襄樊学院. 电子工艺实习指导书. 2005.8

[11] 李文联，李杨. 模拟电子技术实验. 西安：西安电子科技大学出版社，2015

[12] https://www.haosou.com/s?ie=utf-8&src=hao_search&shb=1&hsid=
8e00e9289a3a1b2a&q=%E8%83%A1%E6%99%97.

[13] 中国仪表网 http://www.ybzhan.cn/Tech_news/Detail/69350.html.

[14] https://www.baidu.com/.